怪咖動物偵探
The Quirky Animal Investigator

怪咖動物偵探
The Quirky Animal Investigator

怪咖動物偵探1
The Quirky Animal Investigator

你家就是我家
We are family

文・圖◎黃一峯 YI-FENG HUANG

推薦序

Preface

那些年，我們一起追的動物

閱讀《怪咖動物偵探 1: 你家就是我家》，我想起那些年，和黃一峯一起追的動物。

為了拍動物，我們做過各種瘋狂的事，包括——在人家屋裡天花板挖洞，架設五台自動相機，二十四小時「監視」飛鼠一家在做什麼，研究張開腿睡覺的飛鼠，是公的還是母的……，標準的無聊加變態，我們卻樂此不疲。一峯還曾被台灣藍鵲巴過頭，被台灣獼猴當同類理毛，看到動物的腳印和大便比撿到錢還開心，自封「怪咖動物偵探」——確實怪得有理！

彼此工作都忙，會主動聯繫對方，多半是哪裡有什麼動物可以拍。這幾年我們發現，從飛鼠、白鼻心、食蟹獴到黑冠麻鷺，越來越多的野生動物遷進都市，建立都市棲地，甚至發展出都市化行為。《怪咖動物偵探 1: 你家就是我家》就是一本城市動物的完全指南，怪咖動物偵探帶讀者認識身邊的動物鄰居或動物同學。

書中細數二十種把別人家當自己家的動物，從鳥類、哺乳類到昆蟲類，各有個性也各有怪僻，藍鵲築巢會偷陽台的衣架，叫聲像貓的紅嘴黑鵯卻偏好金屬物，家燕可以邊飛邊洗澡，麻雀自願當白頭翁的保全，夾竹桃天蛾長得像鹹蛋超人，無尾鳳蝶毛毛蟲的超大「少女漫畫眼」，原來是唬人的假眼紋！還有白鼻心喜歡半夜表演特技高空走鋼索，飛鼠兄弟啃老不肯搬出去，飛鼠媽氣到離家出走……，此外，許多人永遠搞不清楚的鴿與鳩，看完這本書，保證一次秒懂。

一峯把艱深的科普知識，轉化成幽默逗趣的文字和設計對白，每一張彩色 Q 版插畫和漫畫都是他親手繪製，就連照片也是長年爆肝蹲點拍攝，誠意滿分！把自己逼成這樣，果真只有黃一峯才能超越黃一峯！

書中還收錄「偵探筆記」，從動物相處守則到救援 SOP，從考古故事到現代知識，篇篇精彩，同時詳述城市動物的生存困境，包括遊蕩犬隻攻擊、人類製造的汙染垃圾等，一峯甚至幫一隻雛鳥取出卡在嘴裡的牙線。

身兼自然藝術家、生態講師、生態攝影師、金鼎獎作家，還幫我的節目設計片頭，精通十八般武藝的黃大師，近幾年還挑戰水下攝影，並在 YT 開設「峯哥」台語動物講古的頻道。終於盼到一峯的新書，從最近的距離，最接地氣的視角，觀察野生動物。

這絕對是一本必須收藏的科普書籍、生態觀察百科與動物繪本。

生態節目製作人 & 主持人 / 白心儀

怪咖動物偵探1
The Quirky Animal Investigator

作者序

Preface

這是為你寫的書

睽違多年，終於又要把新的觀察紀錄付梓。這幾年經歷了很多事情，我的生活有了很多的變化，身分的轉換、工作的轉換……，包括那冷不及防的新冠疫情也讓各種事情停滯下來，但其實暫停的是人類的活動，動物們的生活還是一直運轉著，對我而言，唯一沒變的就是持續對於大自然的觀察與紀錄，這已經成為我生命中重要的一部分。

從小就在城市裡長大的我，都會鬧區裡的自然觀察始終是我的日常。當我開始將生活周遭出沒的動物故事寫進書裡之後，也得到了很多的讀者迴響，一開始大多是：「我們身邊有那麼多動物嗎？我怎麼從來沒有注意過牠們？」但慢慢的，更多人和我分享的是：「自從看了你的書之後，我就開始關心生活周遭的動物和鳥類。」「 牠們真的和你寫的一樣耶！」這些迴響對我來說是很大的鼓舞，因為我的分享，可以讓更多和我一樣在都市裡長大的孩子認識周遭的自然生態，甚至讓生活增添不同的自然野趣。

這些年我除了設計師、插畫家、攝影師、作家、生態講師的多元跨界身分外，還加入了生態紀錄片拍攝團隊，希望運用不同方法將動物的故事記錄下來。「等待」是記錄牠們之前一定要做的事，過程辛苦又乏味，往往看到動物的時間都只有短短幾分鐘，其他時間幾乎都是在蹲點和乾等中度過。像記錄住在朋友家的大赤鼯鼠，我們用監視器二十四小時觀察，為了搞清楚牠們的習性，幾乎有半年之久，無論是起床或是睡前我都會先打開監視器，確認飛鼠家族的行蹤並記錄出沒時間，有次還一邊盯一邊打瞌睡，直到凌晨監視器那頭傳來飛鼠飛回屋頂時的「碰！」一聲，才被驚醒，現在回想起來覺得那段時日很瘋狂，但對我來說，在家就可以觀察到飛鼠生態，一切都很值得。

就這樣在短短幾年，我們記錄了大赤鼯鼠、白鼻心、台灣藍鵲、喜鵲、鳳頭蒼鷹、黑冠麻鷺等出現在大台北鬧區裡的動物，還有很多熱心朋友傳來各種動物出沒的「線報」，而我就像偵探一樣，沿著線索一條一條去調查與解鎖，的確有越來越多不常見的野生動物在城市裡活動甚至與人類同住。這些消息真的令人雀躍，我認為這是都市生態環境越來越好、人們對動物友善且包容的結果，所以牠們就回「家」了。

學美術的我一直都不是生態專家，但對動物充滿好奇心的我，透過長時間的觀察與發現，讓我原本對生態一無所知到現在有較多自然觀察經驗，來記錄這些生物的故事，當然寫這本書的背後還是需要很多科學知識的支持，也要感謝常被我騷擾詢問的生態專家，以及提供珍貴照片的攝影師們。這本書就是我的怪咖觀察筆記，希望讓更多和我一樣沒有生態背景的普通人——對，就是在說正在看書的你，可以跟著我用有趣的怪咖偵探視角來認識城市動物，也與牠們做朋友。

這是一本為你寫的書，請享用！

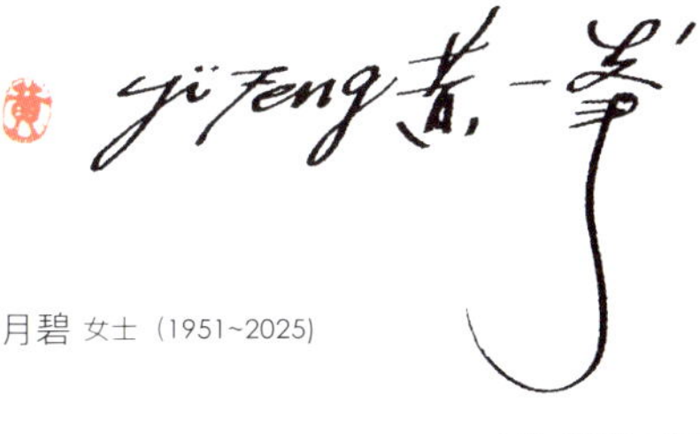

～謹將此書獻給一直支持我走入自然的大姨——陳月碧 女士（1951~2025）

怪咖動物偵探1
The Quirky Animal Investigator

目錄 Contents

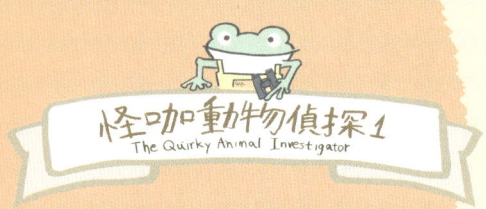

白鼻心

Paguma larvata

Formosan Masked Palm Civet

白鼻心
@ Formosan Masked Palm Civet
原生種

|分類| 食肉目 靈貓科
|別名| 花面狸、果子狸、烏腳香
|居家出沒地點| 屋頂、天花板夾層

|大小| 體長 48~50cm，尾長 37~41cm
|食物| 以植物為主，尤其是水果，動物性食物是次要食物。也吃蛇、鳥、蛙、蚯蚓、昆蟲等。
|棲息地| 2000 公尺以下山林、開墾地、丘陵到城市。

{城市流浪漢}

「這是什麼動物，好像貓又不像貓？」

「動物園的動物跑出來了，趕快報警！」

「也太可愛，誰家寵物走丟了啊？」

每次看到這樣的貼文，

我就知道，應該是「牠」又出現了。

神出鬼沒的白鼻心

好友在臉書上傳了兩段影片，拍攝地點是位於台北士林的「臺北表演藝術中心」，我連看了影片好多次，因為在那新穎的建築上有一隻白鼻心正在走動，而且這是一個熱門表演場館。白鼻心？你應該跟我一樣驚訝，這野生動物怎麼會出現在人來人往的鬧區，難道牠有隱身術不成？

怪咖動物偵探立刻出門一探究竟，我到達的時間接近晚間 10 點，臺北表藝中心裡的表演剛散場不久，場館外依舊人聲鼎沸，我比對著朋友的影片，確定白鼻心出沒的位置就在場館二樓的外凸平台。我四處看看有沒有白鼻心留下的腳印、食餘或糞便，繞著場館一大圈，仍然沒有找到任何線索，我不死心，開始詢問守夜的警衛：「您有在這附近看過白鼻心嗎？」，「沒啦，怎麼可能？」警衛一臉覺得我來搗亂的。就這樣問了四位警衛，都說沒有見過，甚至拿出影片給他們看，還有人說：「這個是野貓啦！」在我詢問警衛的當下，腦海中浮現了日本動畫片《平成貍合戰》裡的場景。

陳一銘提供

鄰近夜市的臺北表演藝術中心，對面是捷運站，沒想到白鼻心也在這裡出沒。

白鼻心的隱身術

動畫故事裡的狸貓其實是犬科的「貉」(註)，牠們的棲息地受到人為破壞，因此被迫和人類居住一起，為了不引起注意，狸貓們變身成人類的樣貌......。當我還沉浸在動畫裡的情節時，遇見第五位警衛大哥，在看了影片之後告訴我，他在這裡工作八個月共看過兩次。終於，有人可以證實白鼻心在這裡出沒了！我雖然沒有親眼看見，但臺北表演藝術中心因為它特殊的建築造型，有很多的空隙可以躲藏，而一旁的百齡國中也有著大片綠地以及各種建築物，再加上只有白天有學生出入，此處應是夜行性白鼻心喜歡的活動場域，也許被拍攝到的白鼻心只是路過要回家而已。但從那天之後，在周遭的士林、北投、石牌附近巷弄都陸續有人看見白鼻心出沒，證明牠們真的搬進城市裡了。

註：貉為食肉目犬科動物，成語「一丘之貉」指的就是牠。

改變食性的白鼻心

雜食動物的白鼻心大多以水果為食，所以又被稱為果子狸。而城市裡的白鼻心常會跑到人類住家偷吃食物，甚至吃人們在路邊餵養流浪動物的飼料，除了傳染病的隱憂，還有被流浪動物攻擊的危險……。

循線跟蹤白鼻心

為了收集更多城市白鼻心出沒的紀錄，台灣大學曾惠芸老師和研究生在臉書共同成立「城市狸貓回報網」社團，短短幾周就收到許多臉友回報目擊紀錄，台北除了先前幾個密集的區域，白鼻心出現在台大校園裡也成了熱議的話題。一位台大老師回報：他的宿舍疑似有白鼻心出沒，怪咖動物偵探也受邀前往協助調查。老師的宿舍位在校園一隅，臨近車流量很大的馬路旁，那是一棟兩層樓的日式建築，我在房子四周搜尋了一大圈，並沒有看到白鼻心的排遺，只有看到一整排的腳印。接著在頂樓發現房間的木造天花板上面有汙漬，疑似白鼻心的排遺造成；其實靈貓科的白鼻心跟愛乾淨的飛鼠習慣不同，牠們的衛生習慣不太好，會在住家裡大小便……。因為無法拆開天花板求證，於是我們決定裝設監視器來觀察。

走鋼索的特技演員

根據老師提供的情報，白鼻心似乎都在天亮前後在他家附近出沒，因此第二天一早就急著查看昨天的監視影像。才剛點開，眼前的畫面就讓我目瞪口呆，因為家門外的那條橫越馬路連接到對面屋子的電線上，白鼻心就在天才矇矇亮的清晨6點準時出現，而且不只一隻，是三隻！你可以想像三隻胖貓，像特技演員般走鋼索的姿勢，搖搖晃晃地走到電線中間，一隻接著一隻，然後三隻都停下來東張西望——我都為牠們緊張，深怕電線被壓斷。

茄苳是常見的行道樹，其果實也是白鼻心喜愛的食物之一。

居無定所的流浪漢

這個清晨走鋼索的行動持續了好多天，但每次一從對面過來到老師家，牠們就消失了，實在是行蹤成謎。另一台監視器則是拍到一隻白鼻心會沿著頂樓外緣不到10公分寬的女兒牆輕快地走到屋子前，然後迅速地跳上排水管，直挺挺地往屋頂上爬，雖然看不到牠們要做什麼，但白鼻心驚人的攀爬力令人一見難忘。其實這超強的攀爬能力與牠們特殊的腳墊有關，比起其他靈貓科動物，白鼻心腳底的肉墊之間有明顯的幾處凹陷分層，肉墊上縱向的或橫向的凹痕，可以讓牠們四肢夾緊細細的枝條。

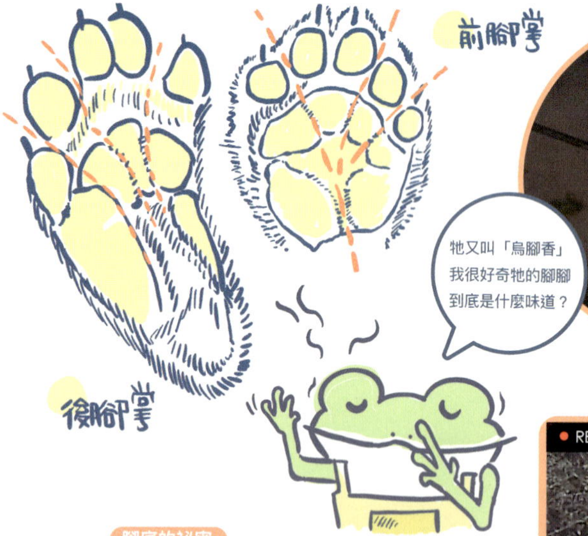
前腳掌
後腳掌
牠又叫「烏腳香」
我很好奇牠的腳腳
到底是什麼味道？

REC AM 06:18

腳底的祕密

白鼻心腳掌上的粗糙面就像鞋子用防滑鞋底來止滑，且肉墊間有明顯凹痕，可以讓牠們在攀爬時不會掉下來。

好景不常，我每天盯著監視器看的「監視人生」在一個半月後停止了，白鼻心再也沒有到宿舍停留，連路過都沒有，我很好奇這個至少有五隻成員的白鼻心小隊，怎麼就憑空消失了？研究人員告訴我，白鼻心的生活可以說是「流浪漢」模式，夜棲的點不但很多，還會因為食物、人為干擾甚至繁殖季節來調整，所以連裝上發報器的追蹤個體都很常消失不見。

～偵探NOTE～

白鼻心的夢魘

據我的觀察，居住在山林裡的白鼻心常以樹洞、岩縫為其巢穴，但城市裡的白鼻心則是擅長運用人類的建築物如老公寓、日式木造建築當牠的棲身之所，架高的天花板更是牠們入住首選，而城市公園、綠化帶，都為白鼻心提供良好的吃住條件，從山林到城市，真是野生動物的一大進化。

雖然白鼻心在城市生活看似比山林間來得容易，天敵較少，但在城市生活的白鼻心還需面對一個除了人類干擾以外的新挑戰。台大白鼻心研究團隊就目擊了白鼻心的夢魘——一隻被命名為「冰箱」的白鼻心，是團隊在台大校園內救助的受傷個體，痊癒之後，研究團隊幫牠別上發報器野放回台大校園裡，七天後的一個午夜，研究人員還透過訊號追蹤牠的身影，不料兩個小時之後，卻被校園裡的遊蕩犬圍攻，研究員前往查看急忙趕開狗群，但「冰箱」已肚破腸流當場死亡。這件慘案發生在台大校園內，真是讓人感到不可思議。

許多學生或校外人士打著愛心的旗號，每日的定點餵食，是讓遊蕩犬聚集的主因，但這個舉動卻害慘了原生的野生動物。貓狗這個外來不可控的危險因素，對真正原生的野生動物造成了極大的威脅。看來，在城市生活的白鼻心，除了要面臨被車輛路殺的危險，遊蕩犬貓則是成了牠頭痛的難題，需要靠人類伸出援手。

攝影／莊博鈞

大赤鼯鼠

Petaurista grandis

Formosan Giant Flying Squirrel

{空中滑翔客}

五樓的書房窗戶上方，

隱約看到有動物停在那，

一條黑色的尾巴從上面垂下來，

透過花玻璃還是看得很清楚，

那是朋友家的動物家人——飛鼠。

大赤鼯鼠

@ Formosan Giant Flying Squirrel

台灣特有種

ID CARD

|分類| 嚙齒目 松鼠科 大飛鼠屬

|別名| 飛鼠

|居家出沒地點| 陽台、屋頂、屋角、建築物夾層、鐵窗、冷氣架等突起物

|大小| 體長 45~50cm，尾長 46~50cm

|食物| 以植物為主，如葉子、果實、嫩芽及花苞等，亦會啃咬樹皮。

|棲息地| 分布於海拔約 2600 公尺以下森林中，以闊葉林及混生林為主，多於樹上活動。近年在城市都有機會見到。

天黑了，
飛鼠家準備
出門覓食了！
媽媽帶著寶寶
停留在鐵窗上，
先觀察環境！

飛鼠媽媽帶寶寶出門前會先在門口鐵窗上觀察四周，確保安全。

天花板夾層裡的住客

無意間看到朋友在社群媒體裡發文：「你又回來了！」配上窗台爬著一隻黑褐色長尾巴的動物背影照片，我好奇的傳訊息問她：「是飛鼠嗎？」她回我：「是的，大赤鼯鼠。 」接著說：「牠們住在我家大約長達十年的歷史！」看到這串留言，我眼睛亮了起來，因為這太稀奇了！朋友家住五樓頂，飛鼠就住在孩子房間的天花板夾層裡，據說因半夜屋頂常傳出各種聲響，吵得她現在僅當成書房使用。

我去的時候是下午，夜行性的牠們應該正在睡覺，但室內沒有任何一個孔洞可以看到牠們，於是我冒險爬出鐵窗外觀察，原來，在屋頂鐵皮與建築物之間，有一個大約 10 公分的洞，推測牠們應該是從這個洞口進出。由於飛鼠每次爬出洞口，都會在窗台上逗留幾分鐘觀察下方環境，確保四周安全無虞之後，才會「飛」出門，在樓下可以清楚看見牠們滑翔的身影，所以我拜託朋友，幫忙記錄飛鼠的「出門」時間，這樣我才有機會在樓下等待牠們。

咻，飛出去了

那時是九月，朋友記錄到他家天花板上的大赤鼯鼠大約都在晚上 10 點前後出門活動和覓食。果然，10:05 一隻飛鼠就出現在氣窗窗台上，第一次這麼近距離觀察大赤鼯鼠的我，掩藏不住自己的興奮發出驚呼，朋友連忙說：「沒關係，牠不太受我們干擾，有時牠出來，我正好在講電話也沒有影響！」果然，那隻飛鼠根本不理會我們在房裡竊竊私語，背對著我們看著外頭樹林，大約過了十幾分鐘，牠突然往前一躍，就這樣「飛」走了，根本都來不及看到牠是怎麼不見的。大赤鼯鼠雖然被稱為「飛鼠」，但牠們不是真的「飛」，而是用「滑翔」的方式移動，夜行性的牠們每天入夜後，會從朋友住家屋頂滑翔到對面 20 多公尺外的樹上覓食，天亮才「飛」回來睡覺。

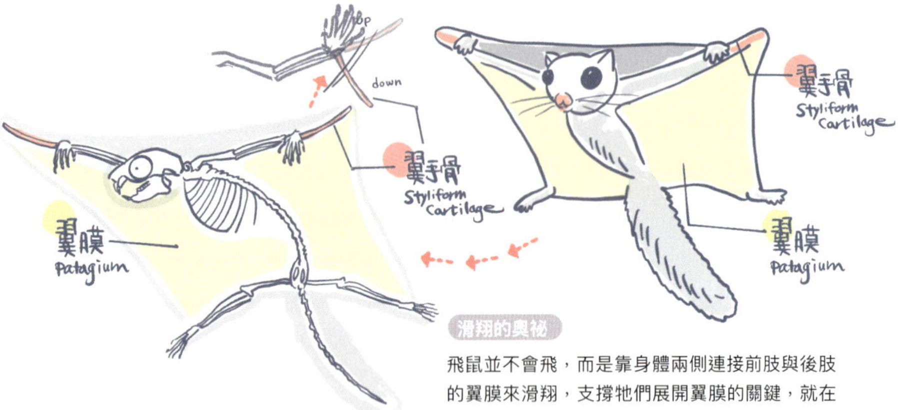

滑翔的奧祕

飛鼠並不會飛，而是靠身體兩側連接前肢與後肢的翼膜來滑翔，支撐牠們展開翼膜的關鍵，就在前肢兩側獨有的翼手骨；翼手骨是一種特化的腕骨，在飛鼠不滑翔時可以改變方向收起。

在起飛之前飛鼠會先觀察四周環境，對飛行員來說，飛航安全還是很重要的。

從那天之後，我們在朋友家中裝設五台監視器，全方位的偷窺牠們，為了要把監視器深入巢中，還把天花板挖了兩個大洞。透過監視器發現，原來，屋頂裡住的是兩隻飛鼠，但其中一隻身形略小，根據判斷，是飛鼠媽媽和飛鼠寶寶，難怪屋頂各種聲響變多了！

你一定好奇，為什麼是飛鼠媽媽帶寶寶，而不是爸爸呢？公飛鼠基本上都沒有跟母飛鼠同住，牠們在野外交配完，飛鼠媽媽會獨自在巢穴中產子，並負責小飛鼠的養育以及成長學習……，以人類的角度來說，飛鼠都是單親家庭。住在朋友家的這對親子飛鼠，可以說是住在飛鼠界的豪宅裡。朋友一家不但包容，還把他們常活動的房間讓給飛鼠，並且幫牠們各取了名字:「咪咪」媽媽和孩子「飛寶」，這一家人和飛鼠共享一個房子的情境，可以說是超級有愛。

大赤鼯鼠以素食為主，植物的嫩葉、果實都是牠們喜歡的，偶爾也吃昆蟲補充營養。

飛鼠野外的家

野外的飛鼠都是住在樹洞裡，牠們並不會自己挖掘，通常是利用天然的樹洞或是搶其他動物的巢穴，尤其是領角鴞的繁殖樹穴常發現被大赤鼯鼠據為己有（雖然領角鴞的樹洞巢穴也是跟別人搶來的），但鄰近城市且直接和人類當鄰居的個案還算少數。

你家是牠原來的家

每次說到飛鼠住進城市人類家裡，就會有人問我：「牠們為什麼要和人類住在一起？是不是因為野外棲息地被破壞，沒有地方去了，逼不得已來到城市呢？」對於這件事，我的想法比較樂觀，當飛鼠進駐人類空間的案例越來越多，應該可以說是我們住家周遭的自然環境變得越來越好，有充足的食物吸引飛鼠回來覓食，為什麼說「回來」？因為這裡有可能就是牠們的原始棲地。

當有了食物之後，再來就是居住問題了，一方面城市周遭可能沒有足夠的大樹與樹洞讓牠們居住，另一方面，如果牠們找到人類建築物裡安全的空間，當然直接進駐，因為不但可遮風避雨，還能防止老鷹或蛇類入侵，所以我認為飛鼠是會思考與進化的動物，牠會選擇更好的空間來居住——飛寶一家應該就是如此，再碰上友善的人類，願意和牠們共享空間，才有這野生怪咖飛鼠與怪咖人類同居的珍奇景象。

飛鼠寶寶正趴在媽媽肚子上喝奶。

厲害的飛鼠媽媽——咪咪，在我們觀察牠兩年過程中，一共生了三個寶寶。

飛鼠男孩是媽寶

我們開始記錄飛寶和媽媽之時，推斷飛寶大約只有四、五個月尚未成年，根據先前研究資料來判斷，牠應該是隻母飛鼠，因為飛鼠家族有個習慣，就是當寶寶成長到大約兩個多月大時，媽媽會開始教牠滑翔，到了三個月左右如果是雄性，媽媽會將其趕出巢窩讓牠獨自生活；但若是雌性，媽媽會把牠留在身邊學習如何照顧下一代，順便幫忙照顧弟弟或妹妹。

透過監視器畫面，看到飛鼠媽媽對兩個寶寶都照顧得無微不至。

和媽媽賴在一起的飛鼠男孩

大赤鼯鼠一年有兩個繁殖時間，分別是十二月到二月、六月到八月之間，這樣差不多是每半年就有新成員誕生，所以我們從九月開始觀察牠們，應該就是咪咪的發情期，期間就看到牠飛出門覓食時，會刻意在樹幹上磨蹭生殖腺留下氣味，果然這番「公告」沒幾天就引來了公飛鼠搶親，發出呼喚的叫聲吸引咪咪注意，當然很快的，咪咪也再度懷孕，在冬天即將來臨前，牠每天都會叼回一些巢材，把窩越堆越高，沒多久就產下了一個黑嚕嚕的寶寶，屋主幫牠取名為「歐寶」，而飛寶也沒閒著，陪著媽媽帶孩子，咪咪出門覓食，飛寶還會幫忙照顧牠。但有天飛寶睡覺時豪邁的大字型睡姿，卻無意間透露了牠的性別，「牠有雄性生殖器，所以……其實是男生！」好友請獸醫協助鑑定之後十分驚訝的說道。

飛鼠家人回來了

你可能對大赤鼯鼠的大小沒有概念，但成體的牠們就像一隻中型虎斑貓那麼大，所以可以想像這三隻動物住在屋頂上的盛況。夜行性的牠們出沒時間並不固定，但有個相對的週期，晚上大多在 9 到 11 點間出門，回家大約都在清晨 4 到 6 點之間。他們體型不小但動作卻相當輕巧，如果在野外一般人應該很難察覺牠們出沒，而這三隻飛鼠母子因為是從馬路對面的大樹上直接飛回家，降落鐵皮屋頂或鐵窗欄杆時都會有「蹦！」一聲的聲響，朋友常在凌晨被吵醒，但他們都說：「只要聽到窗外三聲聲響，就表示飛鼠家人們都平安地回來了！可以再安心睡了。」

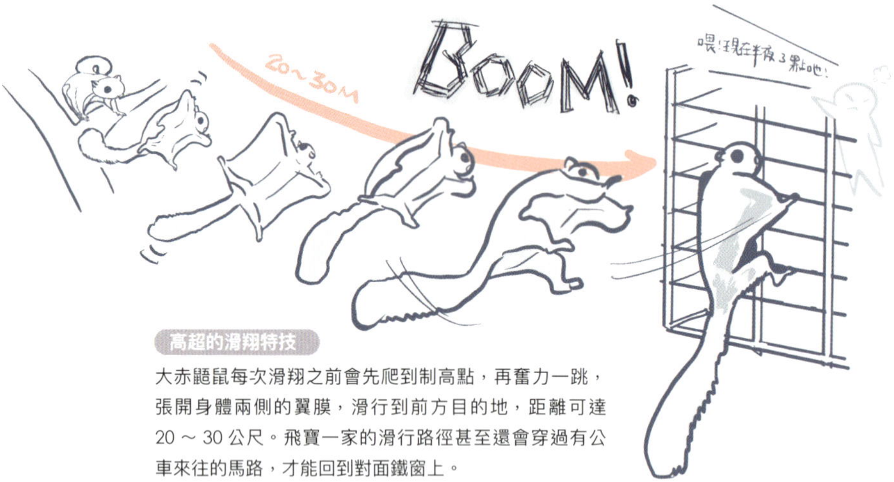

高超的滑翔特技

大赤鼯鼠每次滑翔之前會先爬到制高點，再奮力一跳，張開身體兩側的翼膜，滑行到前方目的地，距離可達 20 ～ 30 公尺。飛寶一家的滑行路徑甚至還會穿過有公車來往的馬路，才能回到對面鐵窗上。

剛從對面樹林覓食完，滑翔回家降落在鐵窗上的一家三口。

媽媽回來了！

這顛覆科學家研究的飛鼠一家就這樣過了大半年，兩個男孩一直和媽媽住在一起，但其實牠們都已經成年，應該離巢去外頭繁殖了，而不知什麼時候起，咪咪就再也沒有回家，每次透過監視器畫面看到的，都是兩個男生呼呼大睡的模樣……，這該不會是不肖子霸占房子，母親負氣離家吧？本來是一齣家庭和睦的親情倫理劇，竟然變成啃老族霸占老宅的戲碼。我們一直擔心媽媽咪咪是否在外頭遭遇不測，兩個月後的一個夜裡，屋主朋友又發文：「咪咪回家了，屋頂發生大戰！」當晚，咪咪突然從外頭回來，兩個孩子被驚醒，接著就是一陣追打，這回老媽可是鐵了心，沒兩下，兩個臭男生就被打得奪門而出，媽媽終於搶回老家。再過一個月，咪咪生下了一個寶寶，這個城市裡的飛鼠故事又有了新篇章。

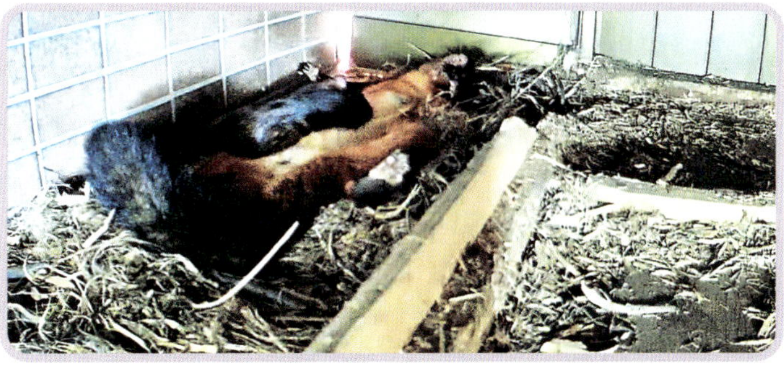

剛趕跑兩隻賴在巢穴不走的媽寶，媽媽咪咪沒多久又產下了一隻寶寶。

~偵探NOTE~

住在小學裡的飛鼠

飛寶一家住在離台北 101 商圈十分鐘車程的社區裡，而在飛寶家附近的辛亥國小，也有飛鼠入住。這個小學位在車流量大的馬路旁，有兩隻飛鼠分別住在學校圖書室裡兩側的窗台上，事實上這個「家」就是一個介於外遮陽板與窗戶之間約 18 公分寬的縫隙。

我前去觀察的那天傍晚正逢寒流，冷冽的風從遮陽板一直灌進來，從學校貼著「請勿開窗內有飛鼠棲息」的告示牌隔著毛玻璃往下看，兩隻飛鼠各自都蜷成了一團，動也不動的在自己用少少草鋪設的窩裡睡覺，我不禁感嘆「同鼠不同命」，雖然都與人類比鄰而居，但學校裡的飛鼠住的僅能稱為「陋室」，飛寶一家可是住在「豪宅」啊！雖然這個家比較簡陋，但校方有著極大包容性，不僅設立告示牌讓學生不要打擾牠們，老師也會帶領著學生觀察飛鼠。其實，光是想到在學校圖書室裡和飛鼠僅有一窗之隔，也是很幸福的一件事啊！

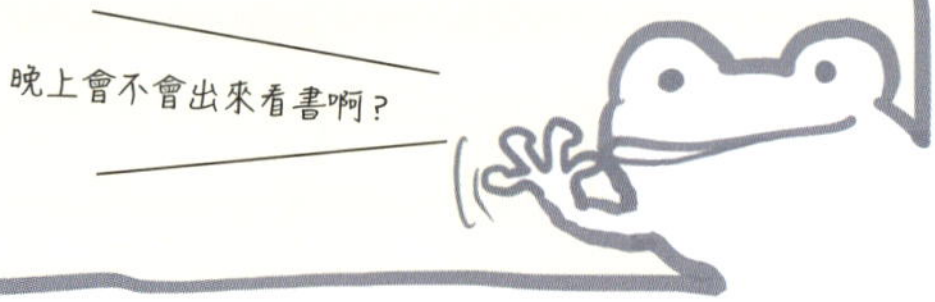

台灣的三種飛鼠

除了大赤鼯鼠，台灣體型最大的飛鼠是白面鼯鼠，牠的體重約 1500 公克，因面部毛為白色而得此名。不像大赤鼯鼠已經進駐都市，白面鼯鼠還是隱居山林，居住在海拔 1000 至 3000 公尺的針葉林和闊葉林裡，以中高海拔山區較常見到牠們。另一種體型嬌小只有 200 公克的小鼯鼠，雖分布在 400 至 2000 公尺的山林範圍，但族群較少，而且不太發出叫聲，所以不容易觀察到牠們，小鼯鼠也都在樹上活動，但和大赤鼯鼠、白面鼯鼠大不同的是：小鼯鼠會住在岩壁縫隙之中。看來，三種鼯鼠的生活習慣還真是大不同啊！

什麼偷東西？
這是我們的生活啊～

台灣獼猴

Macaca cyclopis

Formosan Macaque

台灣獼猴

@ Formosan Macaque

台灣特有種

| 分類 | 靈長目 獼猴科

| 別名 | 獼猴、猴子

| 居家出沒地點 | 住家周圍或闖入家中

ID CARD

| 大小 | 體長 50~60cm，體重 5~12kg

| 食物 | 雜食性，以植食性為主，會吃任何可食用的果實、嫩葉，偶爾也吃昆蟲、鳥蛋等小動物及人類食物、廚餘。

| 棲息地 | 廣泛分布於各海拔山地與丘陵，從偏遠罕無人跡的深山到車水馬龍的人類環境都可存活。

｛劫匪入侵｝

「你看，我被搶劫了！」

收到朋友發來的影片訊息，

一隻猴子正在翻著他的背包，

包包裡的零食全部被搶走，

留下一地散落的物品。

被猴子搶劫了

地點就位在高雄壽山動物園入口，不只我朋友的包包被搶，幾隻獼猴光天化日下公然對所有進入動物園的遊客施行猶如海關安檢般「盤查」，不但會拉開包包拉鍊，還將許多牠們認為無用的物品掏出，而被搶劫的遊客則在一旁不知所措，「包包裡有食物嗎？」、「你先別過去，牠們翻完就會離開」，動物園的工作人員在一旁詢問並勸阻遊客，以避免包包主人硬搶回東西而被獼猴傷害。電影《猩球崛起》的場景竟然在我們的城市裡真實上演。

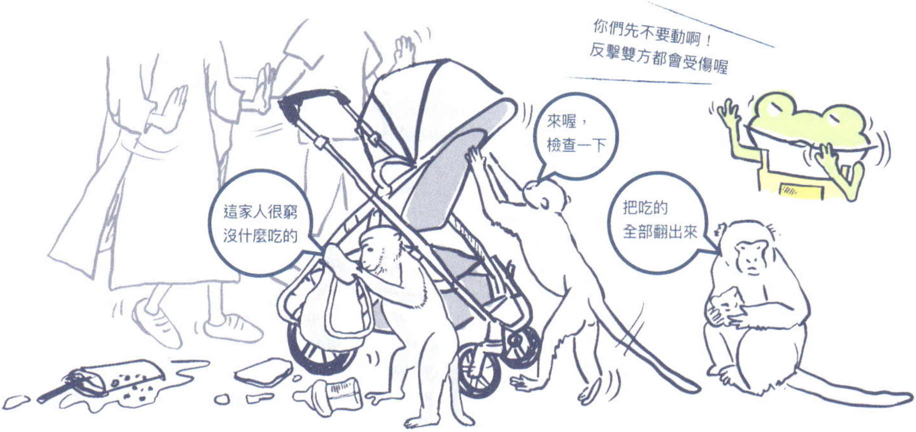

自願走入動物園

台灣獼猴是台灣特有的靈長類動物，牠們的適應性很強，從平地至海拔 3600 公尺高山都可以見到蹤跡，海拔 500 至 1500 公尺的闊葉林是牠們最常出沒的區域。高雄柴山臨近鬧區不過五分鐘路程，因此市區裡有猴子出沒時有所聞。我從高雄市區開車到壽山動物園，進入爬坡山徑就看到台灣獼猴在路邊行走覓食，甚至在車水馬龍的路邊看到一家老小坐在馬路護欄上，到達壽山動物園之後，我在大門口並沒有看到影片裡「猴子警衛」安檢遊客的情節，原來，是園方請了一個工作人員帶著驅離猴群的空氣槍在門口附近巡邏，聰明的猴子見狀當然不敢越雷池一步。你一定覺得動物園裡有猴子見怪不怪，其實牠們並不是園區豢養的猴子，而是野外的族群，牠們來到動物園主要是有遊客隨身攜帶的食物可以搶奪，而且還能跑到一些動物的籠舍裡吃 Buffet……。

這裡本來就是我家

我持續在柴山觀察了好幾天，這裡的獼猴數量比我在野外看到的還多，附近民宅林立，居民們幾乎都司空見慣，但也有一些人對獼猴深惡痛絕。其實高雄柴山自古就是台灣獼猴的家，1861 年，英國派駐台灣的首任領事——斯文豪（Robert Swinhoe），就是在舊稱「猴山」的柴山捕捉到台灣獼猴的模式標本（註）。1864 年他將捕獲的台灣獼猴標本寄回英國大英博物館，鑑定比對後證實其為台灣特有種。 這個台灣特有的靈長類，曾經是讓國際看見台灣的明星物種之一，但為何現在淪為人人喊打的頭痛分子？其實牠們也相當無奈！

註：模式標本是分類學家於新物種命名發表時，其形態特徵描述時所依據的標本。

斜槓博物學家

斯文豪（1836～1877）或稱郇和、史溫侯，除了是外交官也是一位斜槓的博物學家，許多台灣野生動物的命名與鑑定都與他有關，是台灣自然史上的重要人物。

人類＝移動餐廳

台灣獼猴們原本世居柴山，這裡從前是軍事管制區，遊客無法任意上山，1989 年部分開放，成為高雄市民休閒踏青的熱門去處；開放之後，人們開始進入淺山地區，一棟棟的新房子也越蓋越靠近獼猴的家園，台灣獼猴只能「被迫」與人類共處。其實「人」才是讓獼猴被討厭的導火線，早期柴山的獼猴只是造成農損問題，但隨著大量遊客湧入，有些人開始餵食獼猴，因此在獼猴的眼裡，每一個上山的人類都成了食物的供應者，演變至今，獼猴的搶食成了這區域人猴衝突最嚴重的導火線。

柴山路上的猴群會盯著往來的人車看，尤其放慢車速靠邊停車時，猴群都會慢慢靠過來，因常有人從車上丟下食物餵食牠們，一部分人是因為覺得好奇、好玩，有些人則是把它當成「愛心工作」，每日固定載運食物上山。這種餵食行為不但對獼猴健康造成危害，也讓猴群因為食物穩定而繁殖率持續增加，據統計近十多年來猴群數量已超過原有野外數量的數倍之多，爆多的獼猴面臨生活空間資源不足而進入城市，這些獼猴為了食物，還會入侵民宅、洗劫商店，甚至有人被咬傷、抓傷，對周遭民眾造成相當大的威脅，不僅如此，橫衝直撞的牠們，還常導致車禍事故。

獼猴常成群在馬路邊活動，尋找食物，對人與猴都十分危險。

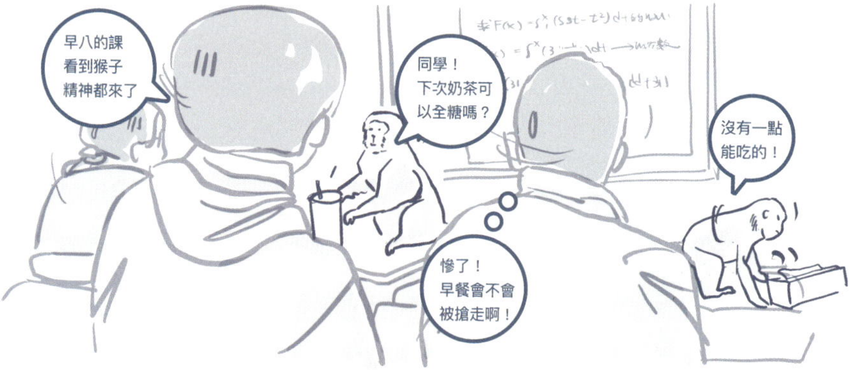

獼猴與「餓」的距離

此外，習慣人類餵養的獼猴也可能把人類都當成「搖食樹」，直接把人和食物劃上等號，而且聰明的牠們還懂得看「臉色」，柴山附近的中山大學、鼓山高中都是牠們「鬧事」的地方，獼猴不但會搶學生的食物，還會直接入侵宿舍，把東西翻得一團亂，甚至有些人為了從猴子手中奪回被搶的東西，被獼猴抓傷或咬傷時有所聞。

中山大學為減低人猴衝突，曾試辦「獼猴掠食補償學生措施」——在校生若購買校內店家食物遭獼猴搶食，不要與其爭奪，只要提出證據後就能獲得到補償，學生們笑稱以前在學校都要準備空氣槍驅猴，現在還要隨時準備好相機拍照……，可見猴子入侵校園的衝突有多頻繁。而鄰近的鼓山高中則是每年會對剛入學的新生舉辦「猴學講座」，教導學生與獼猴相遇時的因應措施。但是想一想，獼猴這樣冒著風險大費周章地搶食，其實都只是為了填飽肚子啊！

雜食性的獼猴，人類喜歡的食物牠們都喜歡，但這些食物對牠們的健康是一大威脅。

~偵探NOTE~

與獼猴共處守則

別遇到獼猴靠近就亂了手腳，只要注意以下幾點就能確保安全：

1. **不接觸獼猴：**
不要看到獼猴裝可愛就覺得可以親近，甚至想靠近觸摸牠們，都可能有被抓咬的危險。

2. **不餵食野生獼猴：**
猴子應該在野地裡自行尋找食物，自以為的愛心餵食是在對獼猴們慢性謀殺，非天然的食物都會對其造成健康傷害。

3. **不威脅或攻擊獼猴：**
如果與獼猴狹路相逢，切勿攻擊獼猴，否則可能引發牠們群起攻擊；與牠們相遇時不要雙眼目光與其對視，應放慢放輕腳步與動作，從容離開現場。

4. **不讓孩童落單：**
猴群很聰明，知道孩童的反擊能力較弱，也曾經發生專挑孩童欺負的現象，所以遇見猴群不要讓孩子落單。

5. **食物不露白：**
如果上山攜帶食物，盡可能在車內或室內飲用，在戶外行走時食物、飲料都應放置在背包內，不要引誘猴群。

6. **如果被搶請放開手：**
猴群有時會進行「無差別搶劫」，無論是食物、飲料、包包、玩偶、衣物甚至手機，牠們會因一時興起而搶奪，這個時候只能請你「放手」，因為除了食物之外，其他東西沒多久牠們就會丟下，強行拉扯奪回反而會引起猴群攻擊。

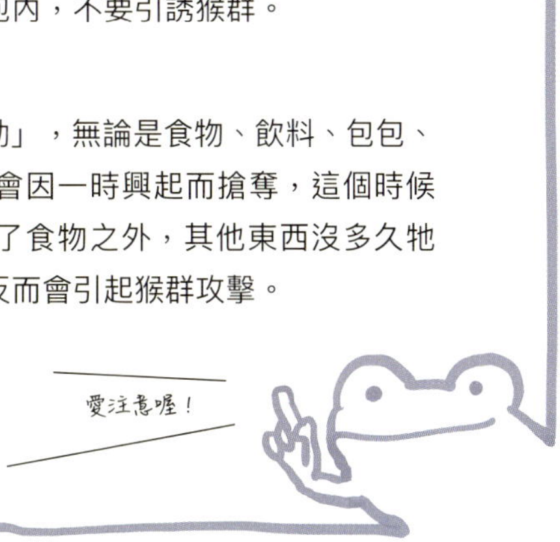

厲害的屁股

觀察獼猴實在很有趣，有太多的行為跟人類相似，所以猴子也成了人們取笑的對象，小時候常常說「猴子屁股紅紅」，有人開玩笑說是不乖被媽媽打屁股打紅的，還有人以為牠受傷了，其實這個紅是代表成年的象徵，根據研究，台灣獼猴大約四歲的成年母猴的屁股呈現紅潤樣貌（少部分公猴也會有），到了發情期，牠們猴臀部及尾巴周遭的皮膚會比平時還要來得腫脹，這是牠們準備好繁殖的特徵。台灣獼猴的屁股除了會發出「訊息」，其耐用度還比同為靈長類的我們人類還厲害，像在柴山生活的獼猴，都在山徑四周的高位珊瑚礁活動，牠們可不像人類有穿褲子保護，但獼猴們竟然可以隨時坐臥，都不怕粗糙不平的礁岩表面會刺傷屁股，真像有特異功能！原來，在牠們的臀部上方有左右兩塊灰色無毛、角質化的硬皮，叫：坐骨胼胝（音：ㄅㄧˋ ㄉㄧˇ），這個名稱很不好記，不過沒關係，我都叫它是猴子的「屁墊」，這個硬皮組織讓獼猴好像隨身帶著一個椅墊，在野外隨處坐屁屁也不會受傷。一直盯著人家的屁股看好像很不禮貌，但這可是獼猴才有的特徵，下次多觀察一下吧！

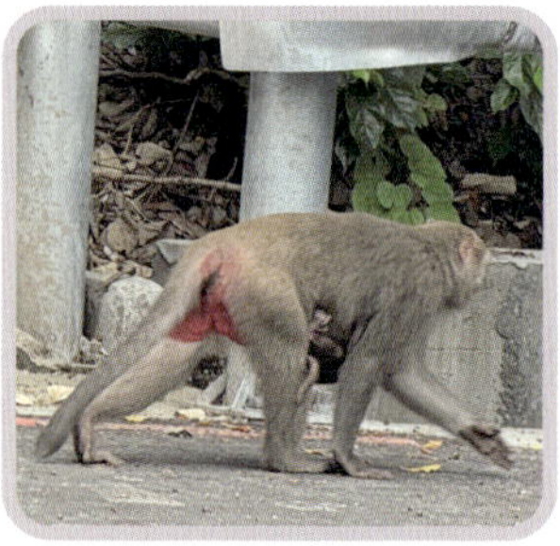

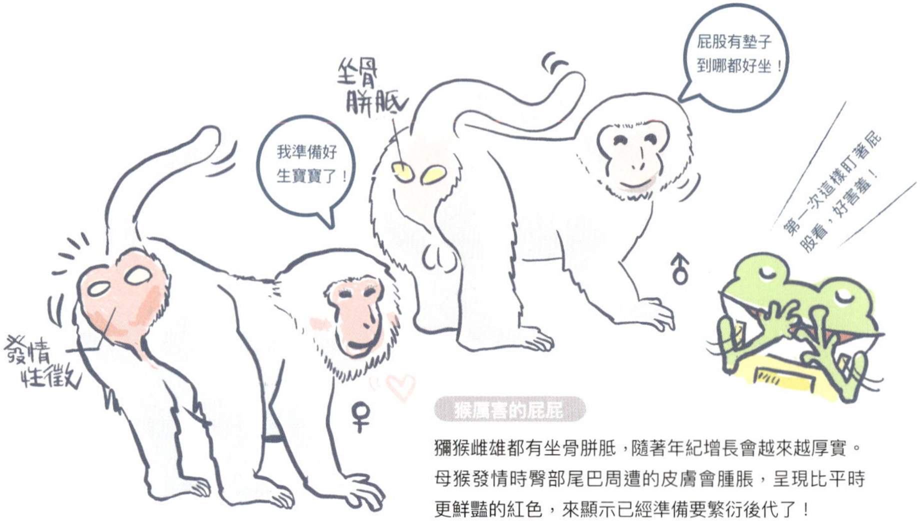

猴厲害的屁屁

獼猴雌雄都有坐骨胼胝，隨著年紀增長會越來越厚實。母猴發情時臀部尾巴周遭的皮膚會腫脹，呈現比平時更鮮豔的紅色，來顯示已經準備要繁衍後代了！

夏天夜裡聚集在萬壽橋上乘涼睡覺的獼猴群，
成了城市特殊風景。（攝影／林雲霜）

食物改變獼猴的「生」態

台灣獼猴一般會在四歲成年，成年之後要再一段時間才會繁殖下一代，但科學家研究指出，在人為干擾相對低的野外環境之中，母猴大多是在六歲時才初次生產，但生活在柴山的母猴，在四歲就生產的比例相當高，比野外足足早了快兩年，這種現象很可能跟人類提供的穩定食物來源有關係。

食物影響了台灣獼猴的繁殖，讓牠們更早就開始繁衍後代，因此族群更加快速擴張，日益增多的獼猴還會為了食物，不惜冒著風險到都市裡偷竊或搶奪來討生活，其實獼猴和人類一樣是雜食性動物，機會主義的牠們，在山裡有什麼就吃什麼，包括鳥蛋、幼鳥、昆蟲、果實、嫩葉等；台灣獼猴更在森林裡扮演種子傳播者的角色，種子隨著獼猴排遺，可以散播得更遠，讓植物族群得以擴增。

其實野外森林可以提供獼猴充足的食物，根本不需要人類自以為有愛心的餵食，人類餵養的食物（或從人類手中搶奪的）對猴子來說都是不健康食品，因此為了猴群健康以及不要讓牠們加速擴張族群而影響我們的生活，千萬不要隨便餵食台灣獼猴。

城市裡的台灣獼猴族群快速的擴張，跟人類餵食有著極大的關聯。餵食對猴子有很多不好的影響，也會讓更多獼猴入侵城市，是一件雙輸的事情。（攝影 / 林雲霜）

～偵探NOTE～

牠們把我當同類？

不過屏除人猴之間衝突的問題，城市裡出現猴子，倒是可以讓我們近距離觀察與人相近的靈長類動物。只要你沒有食物引誘或人為挑釁，其實猴群的行為都算正常，你爬你的山，我過我的生活，這應該是最美好的景象。

獼猴會花很多時間幫同伴理毛，其實這是牠們的社交活動，也是維繫感情的方式，牠們常互相在對方身上翻翻找找，而且還會把找到的「東西」塞到嘴裡吃掉，我們常說牠們在吃跳蚤，不過經過動物學家的研究，猴子身上很少有跳蚤，牠們吃的其實是皮屑或是傷口的結痂，也有可能是附著在毛上的草籽。

曾經有一次我靜靜地在柴山步道上觀察牠們，不知是不是我很和善，還是猴群太過無聊，竟然有一隻年輕猴子靠近我，跳到肩膀上開始翻我頭髮幫我「理毛」，說真的當時還真覺得有點害怕，而且如果伸手驅趕也不知會有怎樣的後果，就只好隨牠處置了，好在我頭上應該沒有什麼吃的，沒有多久牠就跳走離開了，雖然有一點害怕，但我心裡暗自竊喜——因為理毛不但是社交，還是「友善」的行為，欸，不對，牠們也把我當同類了嗎？

白頭翁

Pycnonotus sinensis formosae

Light-vented Bulbul

白頭翁
@Light-vented Bulbul
留鳥．台灣特有亞種

ID CARD

|分類| 雀形目 鵯科
|別名| 白頭鵯、白頭殼仔（台語）
|居家出沒地點| 陽台、花園

|大小| 體長 18~20cm
|食物| 雜食性，主要以昆蟲及漿果為食
|棲息地| 常出現在中低海拔的次生林、灌叢、果園、農田和都市公園、行道樹等環境。

{一頭少年白}

說到城市裡常見的鳥類，

白頭翁一定是班底之一。

牠一頭白髮的造型，

就像是一隻剛長大就老了的鳥！

約8~12週
後腦白毛
已長出！
約3~4週
沒有白毛
才三個月大
就滿頭白髮？

老小子的求偶舞

白頭翁像是剛長大就老了的鳥，牠在幼鳥時期擁有一頭棕髮，但沒多久當牠從幼鳥轉變成鳥，棕髮也變成了白髮，這一頭少年白，讓牠看起來好像瞬間就變老了！其實這位怪咖是「型鳥」，後腦勺的白髮，在生氣時會「怒髮衝冠」，上揚的白毛十分搶眼。

每年春夏交界，就是這「老小子」的求偶季，雄的白頭翁會瘋狂的求偶，有一年的求偶季便讓我深受其害！一隻熱情澎湃的白頭翁，我叫牠「小白」，連續快三個月，每天早上 5：50 準時到我家陽台報到，這時間通常我都還在被窩裡，牠在外頭的樹上唱出一連串高聲調的情歌，實在有些擾人清夢。有次，我熬夜趕稿，小白又來到窗外叫，我才驚覺已經 5 點多，透過窗簾縫隙往外窺探，外頭天才矇矇亮，白頭翁站在一根細枝上伴著晨光一邊跳著舞，一邊叫著，雖然說是舞步，卻稍嫌簡單，就是一直振動翅膀，我急忙看著四周是否有其他聽眾，看了十幾分鐘，就是一場獨舞，這倒是讓我敬佩牠的毅力，因為這個舞牠連跳幾個月，每天時間一到就來報到表演，精神可嘉！不過兄弟啊，你也太悲慘，怎麼唱了三個月還是乏人問津啊？

白頭翁跳求偶舞，一邊拍動翅膀一邊唱歌。

築巢的超級材料

後來，也不知道是不是小白求婚成功，我發現有一對白頭翁在陽台鬼鬼祟祟出沒，嘴上還叼著巢材來築巢，我開始觀（偷）察（窺）牠們，我注意到逐漸成形的鳥巢中間，夾雜著幾條免洗筷的長條塑膠袋，外側還包裹白色的塑膠纖維，原本以為是都市裡巢材不夠故用人造物來湊數，後來發現巢的主體有 90%是植物，而塑膠袋被夾藏在巢的中心位置，除了白頭翁外，我觀察過麻雀和紅鳩也會使用少量塑膠材料來築巢，由於這樣的巢相對較堅固耐久，因此我認為鳥類也許是刻意選擇這些材料來當巢材的。

白頭翁正在檢視牠的巢，看到巢體使用的材料，牠真的是拾荒高手

陽台就是牠的產房

我家陽台就這樣被「徵用」成為了小白家族的繁殖場，從築巢、下蛋、雛鳥孵化、育雛，前後大約歷時一個月左右的時間，親鳥（註）變得非常凶，只要我跨出陽台一步，牠們立即會「升空」飛到制高點，然後，用高亢、連續的叫聲來驅趕我，這樣的猛烈攻勢，害得我都不敢越陽台一步，陽台的花都快乾死了。結果，那一年在五月到八月三個月之間，白頭翁竟然一巢接著一巢，一共繁殖了三巢（在陽台的不同位置，但時間不重疊），總共有十隻白頭翁寶寶在這裡出生。雖然不能證實是同一對親鳥所為，但隔著玻璃窗看著白頭翁家族飛來飛去育雛，也是那一年特別的夏日記憶。

註：白頭翁公母毛色都是同形態，從外觀無法判斷，都直接稱牠們為「親鳥」。

這是那一年在陽台的第三個巢，外圍也是用一小部分塑膠袋來加固。

奇怪的麻雀保全

白頭翁在繁殖季是領域性相當強的鳥，連喜鵲、斑鳩這些塊頭比牠大的鳥，只要進到陽台範圍都會被強力驅趕！不過想想，連我牠都不害怕了，這一點也不稀奇。

有一天，我趁著親鳥都飛出去覓食，偷偷的拿著相機要去拍巢裡的雛鳥，一踏入陽台，就瞄到圍牆上站了一隻麻雀，我不以為意，但當我一靠近鳥巢，那隻麻雀竟然叫了起來，而且沒多久，白頭翁親鳥馬上趕回來，麻雀不但沒飛走，還一起站在圍牆上對我發出驅趕叫聲，難道那隻麻雀是受委託幫忙照看寶寶的？這個奇怪的經驗，至今仍是無解的謎，但看牠們站在一起的樣子，一定是同夥！

不要過來，
我要叫了喔！

我一定要
給他一點教訓！
你剛不在，
有人跑去看
你的巢！
你這抓耙子
我才看了一眼！

～偵探NOTE～

偷餵別人寶寶的白頭翁

有時候鳥類之間的互動，真的不是我們人類可以理解的。有一年在高雄的衛武營都會公園，就發生一個更離奇的事件，一隻白頭翁飛到綠繡眼巢邊，趁親鳥外出覓食，竟然主動餵食巢內的三隻幼鳥，甚至連幼鳥糞囊也一併吞掉清理，這怪異的舉動持續了幾天，甚至連綠繡眼寶寶真正的親鳥回來還被那隻奇怪白頭翁驅趕，不過正牌的親鳥當然不會放棄，聯手將這隻怪鳥驅離。綠繡眼爸媽才將白頭翁趕走不久，牠很快又飛回來餵食，除了佩服牠的「大愛」之外，還真是想不透這隻白頭翁為何要餵食其他人家的寶寶……！這可是怪咖動物偵探至今未破解的案例，到底這是白頭翁一時錯亂的個案，還是像一些拍鳥的人所說「愛心爆棚敦親睦鄰」？真的值得再深入觀察研究才可以知道答案。

常見的三種「鵯」

台灣特有亞種的白頭翁為鵯科鳥類，除了牠以外，台灣在城市中常見的鵯科家族，還有烏頭翁和紅嘴黑鵯。台灣特有種的烏頭翁，棲息地在台灣南部枋山以南到恆春半島與東部花蓮崇德、和仁以南至台東縣中低海拔地區，牠和白頭翁最大的差別，就是牠的頭頂至後部羽毛為黑色，嘴邊還有一個紅色斑點，好像長了一顆紅痣；而同為台灣特有亞種的紅嘴黑鵯，則常見於海拔 1500 公尺以下郊野、都市公園與行道樹等環境活動，一身黑的牠們，鮮紅的嘴喙和腳是最大的特徵。

注意！雜頭翁出現

白頭翁和烏頭翁
原本因為地理分隔各據一方，
但因為近年環境的開發，
以及民眾亂放生影響，
已經有雜交的「雜頭翁」
陸續在野地裡出現。
這是需要關注的生態問題！

我才沒有學別人
是貓咪先學我叫的

紅嘴黑鵯

Hypsipetes leucocephalus nigerrimus

Black Bulbul

紅嘴黑鵯
@ Black Bulbul
留鳥．台灣特有亞種

| 分類 | 雀形目 鵯科
| 別名 | 黑翅短腳鵯、紅喙嗶仔（台語）
| 居家出沒地點 | 陽台、防盜鐵窗、花園

| 大小 | 體長 21～24cm
| 食物 | 以花蜜、葉芽、果實及昆蟲為食
| 棲息地 | 在台灣常見於海拔 1500 公尺以下郊野、都市公園與行道樹等環境。

｛樹上喵喵叫｝

「喵～喵～」樹上傳來陣陣叫聲，

引起樹下的行人頻頻抬頭，

「奇怪，看半天就沒有貓啊！」

「一直叫是躲在哪？」……

紅嘴黑鵯除了叫聲很特別，「造型」也和其他鵯科鳥類不同。

像貓一樣的叫聲

「你這個怪咖又頑皮了！」我在一旁笑著，樹上的確沒有貓，仔細循著樹上「喵～喵～喵～」的叫聲來尋找，只看到一隻黑色小鳥，正張著牠的紅嘴大聲呼喊。這叫聲像貓叫的怪咖，就是紅嘴黑鵯，從前都在淺山環境活動，這些年已經慢慢往城市擴散，牠們的親戚就是我們比較熟識的白頭翁，當然，同為鵯科家族的鳥類，適應城市生活應該也是輕而易舉吧。仔細看，這黑衣怪客穿著還真時尚，身著黑色外衣、嘴上塗著紅色口紅，一身黑的牠再配上紅色鞋子，頭上還頂個龐克風的爆炸頭，模樣還是挺酷的！這個酷帥的紅嘴黑鵯可是布農族人傳說故事裡的英雄喔！

嘿，哥～
最近怎麼樣
你看我的
造型帥嗎？
喵～
我還配了紅口
紅和紅鞋子！
別亂攀關係啊！
你這個黑嚕嚕
的爆炸頭！
我的白頭髮
比較帥啊！
別吵，我比較帥！

~偵探NOTE~

別小看我，我可是聖鳥

傳說布農族人冒犯天神，天神喚來一場狂風暴雨懲罰他們，大雨引起的大洪水直接把布農族部落淹沒了，族人只能跋山涉水逃到玉山山頂避難。而這場洪水來得太突然，家當、食物都被沖走，連生火的火苗都熄滅了。布農族人饑寒交迫之際，發現對面的山頭仍有火苗，但路程中的滾滾洪流阻斷了取火的路徑，沒人敢冒生命危險到對岸去，正當大家苦惱不已之時，有一隻紅嘴黑鵯答應幫忙取火，牠小心翼翼的把火種含在嘴巴中，然而不斷吹拂的強風讓火越燒越旺，直接將牠的嘴燙紅，雖然紅嘴黑鵯十分痛苦，仍然信守承諾，將火苗改用腳爪緊抓，用盡最後一份力量飛回玉山山頂。當紅嘴黑鵯抵達的時候，嘴巴和腳爪早被烤得火紅，身體的羽毛也被熏得漆黑，頭也變成了爆炸頭，但牠的英勇行為幫助布農族人度過難關，從此族人便將紅嘴黑鵯奉為聖鳥。

築巢的特殊癖好

當紅嘴黑鵯從淺山慢慢移居城市之後，牠們的行為也一起跟著「都市化」，在山林裡，築巢地點都在較粗的枝枒間，利用樹葉當掩蔽，以躲避天敵騷擾；而當牠們來到城市，築巢地方變得有點超乎我的想像，似乎對於「金屬物」有特別的偏好……。

我看到朋友的臉書發文，他們因為出國約有一個月時間不在家，回來之後發現陽台鋁門後上方控制門自動開關的門弓器（由金屬管組成的Ｖ形）三角形結構上，多了一個像鳥巢的東西，起初懷疑是鄰居惡作劇亂丟東西，但透過氣窗觀察，發現有一隻紅嘴巴的黑鳥坐在裡頭孵蛋。我當時看了發文心想：「這隻紅嘴黑鵯也太怪咖，心臟太大顆了，都不怕有人突然開門把巢夾爆！」巧的是沒多久，我又收到另一個好友傳來訊息：「你可以幫我看看，排氣管上是誰的巢嗎？我有瞄到是一隻黑色的鳥！」照片上是一個直通外陽台的銀色抽油煙機管，管子正上方有個超級明顯的鳥巢，照片放大一看，紅色嘴巴的牠正在孵蛋……，想當然，又是紅嘴黑鵯這個怪咖！

有時候真弄不懂牠們築巢點位的選擇，朋友家的排油煙管不僅有油漬、熱呼呼的，還有轟隆隆的聲響，這樣都沒關係嗎？不過根據現況推測，可能因為在人類出入頻繁的陽台上，牠們的天敵不敢貿然靠近，而且屋簷也可遮風避雨，所以算是牠們的另類選擇。

築在排油煙管上的巢。（攝影／趙鈺萍）

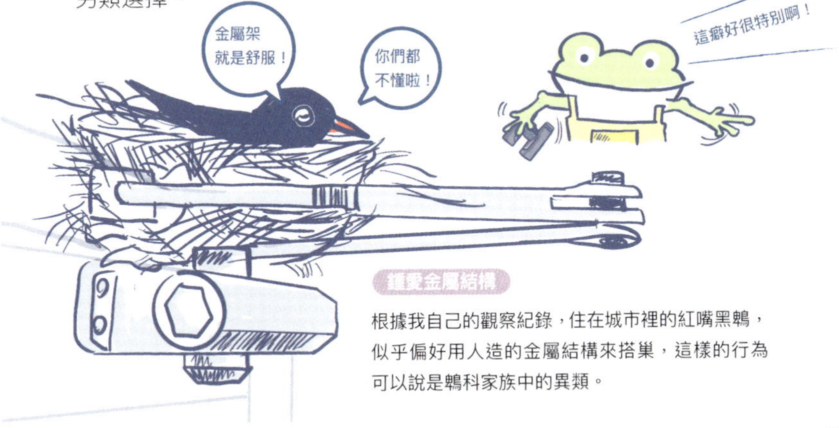

金屬架
就是舒服！
你們都
不懂啦！
這癖好很特別啊！

鍾愛金屬結構

根據我自己的觀察紀錄，住在城市裡的紅嘴黑鵯，似乎偏好用人造的金屬結構來搭巢，這樣的行為可以說是鵯科家族中的異類。

紅嘴黑鵯的親鳥不時在牠們築巢的巷口盤旋，應該是在守護牠們的鳥巢。

緊急落巢事件

有一次在我媽媽開的餐飲店巷口，發現一直有兩隻紅嘴黑鵯在附近低飛活動，這馬上喚醒我動物偵探的雷達，開始四處搜尋是否有牠們的巢。依照前例的經驗，先從金屬結構找起，果然在對面鄰居陽台下方的鐵架上有個鳥巢，同樣是築在金屬支架上，而且位置也相當特殊，顯然沒有人可以干擾到牠。發現紅嘴黑鵯的祕密之後，我每天經過都會特地抬頭仰望一下這個怪咖的巢。

有一天，在我走進巢下時，兩隻親鳥一直低飛並扯開嗓子鬼叫，甚至飛到頭頂作勢要攻擊我，我直覺有事，四周搜尋了一圈，原來地上有一隻雛鳥躲在兩台冷氣室外機的縫隙中，我腦中想起剛在巷口看到的流浪貓，如果不救牠，恐怕很快就會被貓抓走！我衝過去，在捧起寶寶的瞬間，感覺頭被打了一下，為避免又被親鳥攻擊，先躲進媽媽店中，這一隻毛沒長齊的紅嘴黑鵯雛鳥，應該是不小心跌出巢外的，當然最理想的狀態就是送牠回巢，但望著三樓高且位置特殊的鳥巢，只好打消念頭另覓他法。

雛鳥竟然從三層樓高的巢掉下來。

遇見有雛鳥落巢，不能貿然將鳥帶走，一定要先在四周等待與觀察，親鳥通常都會在附近嘗試把雛鳥帶到安全的位置。

臨時雛鳥庇護所

簡單的檢查了一下牠的翅膀、腳和身體狀態，確認雛鳥健康無誤，之後，我找來一個透明塑膠箱，在箱子底部鋪上一些草與落葉，把雛鳥放進去，然後拿到巷子裡，親鳥看到我出來，馬上又飛到附近制高點觀看，我將箱子舉高，讓紅嘴黑鵯親鳥看見寶寶在裡頭，然後將箱子直接放在店外落地窗旁的植物叢裡，並選擇一處較高的枝枒讓箱子不容易被路人或流浪貓發現，而我也可以從店內觀察。當我放好進入室內，馬上就看到親鳥飛入樹叢中找寶寶，可見牠們有多著急。當確認雛鳥安全之後，親鳥就開始帶食物回來餵食，我靜靜躲著觀察，看到牠們不排斥這個臨時住所，我也鬆了一口氣。

紅嘴黑鵯親鳥每隔一段時間就會帶食物回來臨時鳥巢裡餵食雛鳥。

城市裡的不安全食物

就這樣雛鳥在塑膠箱裡安穩地度過一周，觀察箱子裡的紅嘴黑鵯餵食秀也成了我和餐廳客人茶餘飯後的樂趣，有天早上一個客人很著急的跟我說：「小鳥好像沒什麼動，你要不要去看一下？」我趕緊到外面查看，那隻雛鳥一動也不動的蜷縮在箱子角落，仔細一看，牠的嘴角怎麼會有一條白線？我伸手拉了白線，牠不舒服地張了一下嘴，竟然拉出一小坨線團，原來那一條很有韌性的細線，是一條牙線啊！顯然是親鳥把牙線當成了蟲子餵給寶寶吃，這是在城市裡覓食的風險，還好我及時發現，不然無法消化的尼龍線會要了牠的命。

從雛鳥口中取出來的牙線。

才沒幾天，雛鳥在恢復活力後，就開始不安分的在箱子裡拍翅膀、跳動，牠的羽毛也長得比之前更多，隔一天，就看到親鳥在附近引導牠起飛，在大家的目送下幼鳥飛離塑膠箱順利的離巢了！這隻小紅嘴黑鵯是幸運的，許多鳥類來到城市因為誤食不該吃的東西而死亡，像是塑膠片、金屬、亮片等，而且經驗不足的親鳥也常把這些充斥在都會環境中的危險食物帶回去餵食雛鳥，儼然成為城市鳥類們的另一個危機。

榕果是紅嘴黑鵯喜歡的食物，可以看到親鳥常叼榕果回來餵食雛鳥。

~偵探NOTE~

黑幫追打小霸王

可別小看「黑衣怪咖」紅嘴黑鵯，體型雖然不大，但牠們卻是「不好欺負」的一群，常常拉幫結派的團隊行動，我在城市公園裡看過好多次成群紅嘴黑鵯驅趕鳳頭蒼鷹的戲碼，結果都是鳳頭蒼鷹落荒而逃，一群「黑衣鳥」看上去好像黑幫尋仇的場景！所以小小的牠們群聚起來，連號稱「街頭小霸王」的鳳頭蒼鷹都害怕。這讓我想起了郊野裡的大捲尾，兩者體型差不多，但大捲尾凶起來，也是把老鷹打得落花流水……，所以看樣子，穿黑衣的鳥幫派分子都不好惹啊！

紅嘴黑鵯會群起追打體型比牠們大上好幾倍的鷹類，主要都是在繁殖季節，因鷹類太靠近牠們的巢，才會引來追趕。很多人會說，鷹那麼大怎麼還怕小鳥？其實比起大鳥，小鳥更擁有較靈活的飛行優勢，當大鳥凌空時，牠們猶如神風特攻隊般奮不顧身的衝撞，都可能使大鳥因為擾亂飛行而發生墜落意外。

麻雀

Passer montanus

Sparrow

麻 雀

@ Sparrow

留鳥

｜分類｜雀形目 麻雀科

｜別名｜樹麻雀、厝鳥仔（台語）

｜居家出沒地點｜陽台、屋角、建築物夾層、冷氣架、招牌等各種突起物

｜大小｜體長 14~15cm

｜食物｜雜食性，主要食物為種子、果實各種細碎的食餘、昆蟲。

｜棲息地｜廣泛分布於海拔 600 公尺以下有人類的環境，並不會棲息在完全無人的天然林中。

｛搶匪長相的小可愛｝

「戴著黑眼罩、留著落腮鬍、

兩頰各一顆大黑痣……」

聽到這個外型的描述，

你一定會覺得我是在說搶匪！

其實牠一直長這樣。

深藏不露的隱身高手

只要有人的地方，都可以看見麻雀的身影，這樣說一點都不誇張，甚至每天都有機會可以和牠們相遇，但奇怪的是只要一問起麻雀的特徵，幾乎沒有人可以說得出來。大家都只記得棕色的牠們很吵、吱吱喳喳的、喜歡一大群聚在一起吃東西……，然後就沒有其他印象了！看到這裡，你是不是也開始在回想牠們的樣子了？

說真的，比起其他鳥類，麻雀的特色就是——「沒有特色」！不過，什麼時候沒有特色，也可以變成優勢了？你可別小看麻雀，牠們可是隱身高手，棕色的羽色讓常在地面或落葉堆裡翻找食物的牠們，一下子就可以隱身其中，減少被天敵獵捕的機率，而群體行動的數量優勢也是牠們的保命策略。如果仔細一點把麻雀放大來看，你會發現牠其實是一個留著落腮鬍、戴著黑色眼罩、臉上長著兩個大黑痣的鳥，如果牠們是人類，這樣的造型應該像極了電影裡的搶匪啊！

在鳥巢附近活動，試圖引開我的麻雀親鳥。

有人類的地方就有牠們

說到這個最熟悉的陌生鳥，應該沒有幾個人見過牠完整的巢，其實經驗豐富的怪咖動物偵探我也沒有。很多鳥都是在樹上築一個碗狀的巢來養育雛鳥，而麻雀沒有這個習慣，牠們的巢不容易看到，其實是牠們很懂得利用人類的建築構造來築巢，尤其是房屋的各種孔洞、屋簷縫隙、招牌空隙等，只要被牠們看上的空間，就會在那裡頭鋪上乾草，當成育嬰室。我曾經跟蹤過麻雀親鳥到牠們的巢穴附近想觀察牠們育雛，但牠們都會狡猾地引開我的注意力，或者是站在附近和我對峙，等到我失去耐性準備離開，再一溜煙的鑽到屋角的破洞裡。牠們縫隙裡築的巢真不容易觀察，我突襲多次都只能看到一堆乾草，滿出來的草僅留下一個不明顯的出入口，真可以算是最難一探究竟的鳥巢。

麻雀親鳥將招牌與牆面的縫隙塞滿巢材，當作育嬰房。

你家就是我的產房

我小時候家裡後陽台常有麻雀在活動，結果有一對麻雀，跑到陽台的熱水器上方築巢（舊式熱水器上方有一個排氣口），一開始只覺得奇怪，每次洗澡都會聞到燒焦的味道，後來親鳥把草越塞越多，直到巢材燒起來，煙從熱水器上方冒出來，才發現裡面有個鳥巢，爸爸緊急把熱水器外殼拆開，清出了一大堆乾草和幾顆鳥蛋，還好及早發現，如果晚一些麻雀寶寶孵出來，洗澡時熱水器點火「轟！」的一聲……，那實在太可怕了。不過，麻雀這個不需經過你同意，就大搖大擺的把你家當作「 產房 」的霸道行為，就是「 你家就是我家 」的概念，也難怪自古牠們都被稱作「厝鳥仔」，也證明牠們和人類「混居」的歷史非常悠久。

為什麼要打麻雀？

有一次，深圳的朋友跟我說要去「打麻雀」，我愣了一會兒，後來才意會到他說的是「打麻將」，而麻雀是麻將的原始稱呼，為什麼會有這麼特殊的名字呢？經過怪咖動物偵探的查證，古代還真的是因為要「打麻雀」，才發明了現在的「麻將」！據說當時管理糧倉的官吏，為了獎勵捕捉麻雀來保護糧食的人，發放刻有圖案的竹牌記錄捕到麻雀的數目，並憑此發放獎金，而「筒」代表火槍、「索」代表麻雀，所以一索是一隻麻雀，而「萬」則代表獎勵的數目，說來說去，這項被俗稱為「國粹」的娛樂，都是為防止麻雀偷吃人類糧食而發明的啊！

老大！千萬別想不開啊
這東西是用來對付我們的啊！
發
六萬
還是我帶大家一起去投案是不是就發大財了
我們一起來打麻將吧！
你們到底做了多少壞事啊？
代表獎勵金
代表火槍
代表麻雀

還是
禾本科種子
最對我胃口
你少吃點！
人家都那麼
討厭我們了
偶爾吃點蟲
有益健康
不吃米又不會死
吃點果子也不錯！
我們是雜食性鳥類啊
我什麼
都想吃！

總有負面名聲的麻雀

看來，麻雀古今似乎一直擺脫不了背黑鍋的命運，牠們到現在還是某些農夫們的頭號公敵。禾本科植物的種子本來就是牠們喜愛的食物，其中包括了我們的主食——稻穀，由於牠們的覓食行為會影響稻作收成，所以成為農民的「眼中釘」。曾發生農夫為保護收成，將農藥與稻穀混在一起灑在農田附近，導致大量麻雀中毒死亡的事件。其實麻雀並不只吃稻穀，牠們是雜食性，在育雛的時候也捕食各種小蟲子，其中很多是對農作物有害的害蟲，所以牠們也默默地在為農民除害啊！

一直不知為何麻雀這怪咖總被人類嫌棄，連常用的詞語都要貶低牠一下，像形容有人說話很吵，就會說「像麻雀一樣」；看到某些女性的大轉變就會說她是「麻雀變鳳凰」，都不知這是歧視女性還是麻雀！不過「麻雀雖小，五臟俱全」，這句用來比喻事物雖然嬌小，卻也樣樣具備的話，就不太清楚對麻雀是褒還是貶了。

麻雀在育雛時期會捕食各種昆蟲來餵食幼鳥，當然也包括各種對作物有害的蟲子。

世界上的麻雀都一樣？

每次我讓大家觀察麻雀，就有人說：「世界上的麻雀都長一樣，有什麼好看？」的確，如果不是常常在賞鳥的人，還真看不出來有什麼不同，但世界各地還是有一些不同種類的麻雀，其「造型」挺令人驚豔的，像是阿拉伯的金色麻雀、蒙古的黑頂麻雀、西班牙的黑胸麻雀……，都是很有型的麻雀。大家出國旅行時不妨觀察看看各國麻雀的不同！

大鬍子的模里西斯麻雀就很不同。

台灣的山麻雀

台灣還有一種棲息在海拔 200 ～ 2200 公尺山區的「山麻雀」，牠們和麻雀一樣是雜食性，且生活習性相近，但牠的體色為紅棕色，臉上也沒有一般麻雀的兩顆黑痣，外型算是容易區分。在近幾年，山麻雀卻因為棲息地環境變化，面臨著急速消失的危機，目前數量剩下不到一千隻，這瀕臨絕種的保育類山麻雀，命運和一般麻雀很不同啊！

南亞夜鷹

Caprimulgus affinis stictomus

Savanna Nightjar

不好意思吵到你
但拍謝，我沒有靜音鍵！

{擾人清夢專家}

在月黑風高的夜裡，

「追～伊～～追～～伊～～～」

嘹亮的叫聲劃破夜空，

大老遠就可以知道「牠」來了，

真是一個無法低調的傢伙！

南亞夜鷹

@ Savanna Nightjar

留鳥．台灣特有亞種

|分類| 夜鷹目 夜鷹科

|別名| 台灣夜鷹、林夜鷹、石磯仔（台語）

|居家出沒地點| 屋頂空地、窗戶外

|大小| 體長 22 ~ 25cm

|食物| 以各種飛行昆蟲為食，主要為鱗翅目、鞘翅目、直翅目等。

|棲息地| 棲息於河川中下游砂石混雜的寬闊河床、接近河床的泥石裸地、人車稀少的道路上、機場、大型工業區、工地或校園內人少的地面等。

擾人清夢的鳥

「追～～伊～～」每年第一次聽到這叫聲，我還是覺得滿開心的，因為知道「牠」又回來了！但是開心只有一下下，沒多久這個叫聲就會變成魔音傳腦的噩夢！這個在夜裡扯開嗓門大叫的傢伙是——南亞夜鷹，牠的叫聲非常高調，深怕大家都不知道牠來了！夜行性的牠是少數晚上出沒並且會邊飛邊叫的鳥。

鳴叫是鳥類的天性，但如果鳴叫的時間是在睡覺的深夜，人們未必能有欣賞的好心情了！南亞夜鷹這個怪咖，不但叫聲分貝冠軍，也是被民眾到政府單位通報陳情的冠軍，每年的三到四月繁殖季就是牠唱歌的巔峰時期，同時政府機關接到的陳情與抗議也可達數百件，真是令人頭痛！難怪曾有地方政府機關希望研究單位研擬移除計畫，不過要移除這本土物種根本是不可能，也是違反自然的事啊！

白天是夜行性夜鷹休息的時間，若不注意觀察很難發現牠的存在。（攝影／吳尊賢）

大嗓門的求愛廣播

成語裡用「黃鶯出谷」來形容美妙悅耳的、歌聲，很可惜，此「鶯」非彼「鷹」，現在是「夜鷹出谷」來到都市，牠的歌聲也成了城市裡惱人的噩夢！研究人員用儀器測量，夜鷹的鳴叫聲可高達九十分貝以上，差不多相當於火車疾駛而過所發出來的噪音，大約也是人類能忍受的音量極限，所以求偶季時，夜鷹每天晚上都在挑戰大家的耐性啊。這個大嗓門的夜鷹，從入夜到深夜，邊飛邊叫擾人清夢的行為，可是牠大秀恩愛的「廣播」，雄夜鷹大聲地唱出牠的徵婚啟示，一聲聲愛的呼喚，希望得到母鳥的青睞！當然，這個愛的歌聲會一直唱到牠找到伴侶之後，才會慢慢消失，所以被夜鷹吵得睡不著的人們，不但不能生氣，還只能為牠祈禱祝福，趕快成家啊！

好好聽！
耳朵懷孕了！
女粉絲
♀
BEFORE
情歌
一定要用力唱
♂
AFTER
MY GOD!
竟然有 90 分貝
哪裡好聽了？
90
我祝福你趕快
找到意中鳥！

厲害的大嘴巴

夜鷹的嘴超級大，平時根本看不出來！牠不但可以邊飛邊叫，以昆蟲為食的牠們還會一邊張開大口，像一張行進中的捕蟲網捕捉空中昆蟲！

（攝影 / 陳明德）

夜鷹剛出生的雛鳥就直接躲藏在河床上的石頭堆裡。（攝影 / 謝季恩）

人類造福鷹口大擴張

很多人都有這種感覺：夜鷹吵人的聲音以前好像沒聽過，為什麼近年來似乎越來越明顯？其實夜鷹棲息及活動範圍大多在郊區的平原旱地或河床，與我們的生活圈本來完全不會重疊，但最近為什麼牠們要鋌而走險和人類比鄰而居，而且是從南部一直擴張到北部城市呢？其實，夜鷹表示很無辜，因為這是人類給牠們的好機會！

研究人員調查發現，這和各地密集的河川整治工程有關。2000 年左右，夜鷹原本聚集在南部屏東以及東部地區，然而隨著越來越多的河岸整治工程，讓夜鷹開始大舉北上。河岸整治工程將原本河床上茂密的草生地夷平，讓原本棲息在河川流域裡的鳥類失去了家園，但對於夜鷹來說，這樣開闊平坦的環境卻是牠們喜愛的棲身之所，直接入住的夜鷹也越來越多，牠們不像其他鳥類需要銜草、找樹枝築巢，夜鷹則是很霸氣的把蛋直接產在地上，而且一年繁殖三次，每次生下兩顆蛋高效率的繁殖策略，大大提升了族群擴張的機率。

近年來更因為農地休耕面積遞增，灑農藥滅蟲的機會減少，反而讓夜鷹食物增加，有吃有住，也難怪夜鷹「鷹」口逐漸增加，自然棲地不夠住，當然就往城市擴散。

夜鷹的蛋就直接產在地上。（攝影 / 吳尊賢）

河床上的夜鷹有著超強的偽裝術，
若不是靠近觀察很難發現牠的蹤跡。（攝影／謝季恩）

陽台水泥地隱身術

你一定很好奇，移居城市的夜鷹牠們躲在哪？聰明的夜鷹找到了一個可以讓牠們安心居住繁衍下一代的地方，就是每家每戶的屋頂。牠們所選擇的屋頂並不是受到屋主精心布置、有植栽甚至有水源的空中花園，而是那種只有水泥磚塊鋪底且空曠、平時少有人踏足的大樓屋頂，並不是因為牠們習慣棲身陋室，而是這樣黑灰的環境與地板更適合牠們施展「隱身術」。牠們原本喜歡在乾河床上繁殖，而且直接把蛋下在地上，沒有搭設我們認知的「鳥巢」，就是因為牠們從蛋、雛鳥一直到成鳥，身上都有超強迷彩偽裝，只要選擇合適的地點，就能夠隱身其中，讓人看不出來。

來到城市之後，大樓頂的水泥地正是適合牠們繁殖的棲所，所以城市裡的夜鷹暴增，是我們自己製造的啊！下回在夜裡聽到天空傳來夜鷹求婚的聲響，只能往好處想，至少牠還是個飛行的捕蚊燈！

公寓頂樓成了夜鷹在城市的棲身之所。（攝影 / 劉佩珊）

你別動，
他看不出來！
他走過
來了呀！
實在太厲害
連我都差點
被騙過了

城市裡的夜鷹親鳥和雛鳥與屋頂上的破爛木板融為一體。（攝影 / 劉佩珊）

台灣藍鵲

Urocissa caerulea

Formosan Blue Magpie

台灣藍鵲

@ Formosan Blue Magpie

台灣特有種 保育類

｜分類｜ 雀形目 鴉科

｜別名｜ 長尾山娘

｜居家出沒地點｜ 陽台、頂樓花園

ID CARD

｜大小｜ 體長 63~68cm，尾長 34~42cm

｜食物｜ 雜食性鳥類，像植物的果實或根莖、幼鳥或蛋、昆蟲、蚯蚓、兩生類和小型哺乳類等，也會吃廚餘和動物的屍體。有儲存及分享食物的習慣。

｜棲息地｜ 1800 公尺以下的中、低海拔闊葉林或次生林到城市裡的公園綠地都有分布。

｛城市小混混｝

一隻大鳥從我眼前飛過，

那超長的尾羽吸引了我的目光，

正想看清楚牠的樣子，

就瞄到牠從樹上飛下來，

就在那一瞬間，

我的頭頂就被牠重重的打了一下！

藍鵲在制高點注視樹下一舉一動，隨時準備飛下發動「巴頭」攻擊。

藍鵲出沒請注意

2000 年前後，聽到藍鵲出沒的消息都是在近郊山地區，在台北要拍攝牠們都要驅車前往陽明山、烏來、坪林等地，沒想到幾年之後藍鵲家族慢慢的在城市裡出現，一開始是內湖、汐止、木柵等區域的住宅區，後來位在市中心的台北植物園也出現牠們的身影，連住在離植物園有點距離的我都可以聽到牠們整群飛到住家對面屋頂上的叫聲。最誇張的一次是在西門町人來人往的大馬路上，三隻藍鵲邊叫邊飛，其他遊客都在逛街，只有怪咖動物偵探被牠們的叫聲吸引而停下腳步觀察——在西門町賞鳥，也應該只有怪咖才做得到。

特有種的藍鵲出現在城市裡，好像有點稀奇，不過想一想，牠的親戚——烏鴉早就「稱霸」各大城市，像日本東京、中國大陸北京、馬來西亞吉隆坡與檳城等地，都有大群體出沒，應該可以說拜牠們的基因所賜，擁有強大適應力，又因為體型、智力驚人，因此在城市裡活動游刃有餘；況且現代人都著重「外貌」，有這樣美麗的鳥在你家旁邊出現應該不會有人反對吧。

明目張膽偷東西

藍鵲偏愛水果，常常入侵陽台把人家種植來不及收成的木瓜啄得稀巴爛。但畢竟是城市，不是家家有水果，要在這裡討生活，還得學會其他選擇，曾經有新聞報導，有幾隻藍鵲混跡松山的菜市場，會到固定的水果攤偷吃葡萄，而且一吃就是一大串，根本無視買菜的人們和水果攤老闆娘的存在，大膽又聰明的鴉科動物還真令人困擾。不只是吃水果，雜食性的牠們什麼都吃，蜥蜴、蛇、蟾蜍甚至老鼠都是盤中飧，連別人巢裡的雛鳥都不放過，一旦鳥巢被藍鵲發現，可是會直接滅巢的。藍鵲惡霸的行徑根本是城市裡的小混混，而且牠們一出現都是成群結隊，已經是黑道幫派了。

台灣藍鵲

紅嘴藍鵲

攝影 / 張程皓

藍鵲大不同

台灣藍鵲是台灣特有種鳥類，另一種出身在中國大陸的紅嘴藍鵲與其身型、樣貌十分相似，唯獨「穿著」有些許差異，牠們比台灣藍鵲多穿一件白色背心，腹部是白色的。不過紅嘴藍鵲在台灣是外來入侵種，所以見到牠們要趕快通報相關單位！

從天而降的一掌

藍鵲從山裡進駐城市生活之後，也在城市裡繁殖，牠們會在公園裡築巢，但牠有個習慣相當令人頭痛。有次我走進台北植物園，突然「啪！」一聲，我的後腦被一個重物撞擊，我隨即用雙手護住頭，並轉頭搜尋是誰幹的好事，結果看到走在我後頭只有一個阿伯，還沒等我說話，阿伯指著樹上笑著說：「你被鳥巴頭了！」「鳥⋯⋯！？」我當下一頭霧水，因為實在「巴」得太用力，我還沒反應過來，就又看到阿伯身體下蹲，「啊！」了一聲，「啪！」後腦一陣暈眩，我又被「巴」了第二次，但這次，我終於看清楚了，兇手就是台灣藍鵲。我滿生氣的，這根本不講武德，我只是路過啊！但是抬頭一看，藍鵲的巢就在我的頭頂上方，只好識相的趕緊離開，因為剛剛攻擊我的親鳥還在遠處樹上瞪著我。藍鵲在繁殖期會護巢、攻擊所有經過巢下的人與動物，這個習性我時有所聞，但在毫無心理準備地被攻擊還是第一次，而且那飛天一掌的力道令我印象深刻！不過，親鳥這一攻擊不就暴露鳥巢位置了呢？

誰說我「娘」？

藍鵲的確是鳥類世界中穿著高調又凶猛的一群，黑色頭髮、深藍色禮服搭配超長尾羽，飛起來氣勢十足，尤其那高調的大紅色口紅加上紅色長筒靴子，很難讓人不多看一眼。早期也因為牠一身華服又成群結隊地出現在郊野山徑，亮麗身影讓人印象深刻，所以被賞鳥人暱稱為「長尾山娘」，但是如果知道牠們凶殘的習性，應該就不會稱牠「娘」了！

親鳥監看經過巢下的動物和人類。

鋼骨結構育嬰房

有次接到在台北市東湖國中任教的好友電話，她告訴我台灣藍鵲在他們教室外的樹上築巢，而且奇怪的是，鳥巢上頭有「衣架」，一聽到「衣架」，我眼睛都亮了，怪咖動物偵探馬上出動前往學校。鳥巢就在教室後陽台外不到 5 公尺距離的樹上，隔著教室窗戶還看得見親鳥在孵蛋，但有上次被「巴頭」的經驗之後，我就不敢驟然靠近，我先將準備好的迷彩網衣披在身上才外出觀察，果然，這個鳥巢的下方是用一堆晾衣服的金屬衣架當底層，上方才用樹枝堆疊。據學校師生告訴我，這個鳥巢搭建大約耗時一個月，我感覺到有點不可思議，因為相對藍鵲的體型來說，衣架還是又大又笨重，更別說叼著它飛行，回來還要堆疊了，該怎麼形容這個巢？我只能說這是一個「創新技術」的作品。果然，這樣地基穩固的巢，不但捱過颱風侵擾，還讓這個藍鵲黑幫家族又多了六個新成員。

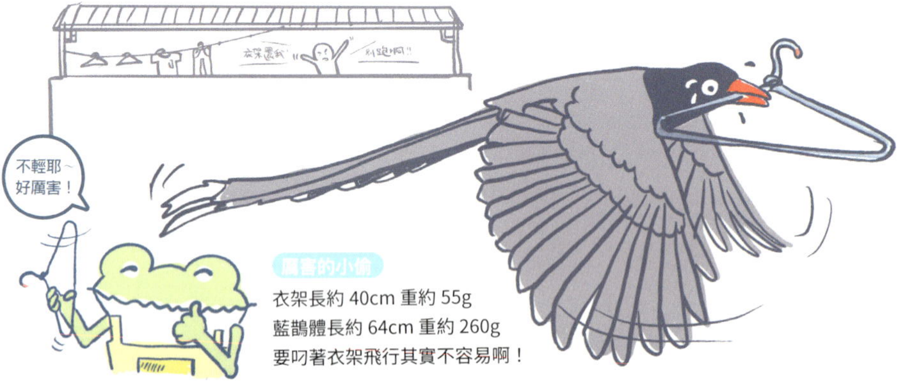
別跑啊!!
不輕耶～
好厲害！
厲害的小偷
衣架長約 40cm 重約 55g
藍鵲體長約 64cm 重約 260g
要叼著衣架飛行其實不容易啊！

藍鵲親鳥從隔壁住戶陽台偷拿衣架去築巢。（攝影／吳尊賢）

偷光鄰居的衣架

我很好奇牠們到底是用了多少衣架來築巢？藍鵲不會沿用舊巢，樹上大量衣架又有掉落砸傷學生的疑慮，因此和學校約定，等雛鳥都離巢後的一個月，來執行「拆除違章建築」計畫。大約六月底，學校期末考後，終於等到六隻藍鵲寶寶都順利離巢，我帶著學生從三樓陽台用長棍把巢弄下來，滿地都是掉落的衣架，一位住在學校對面的鄰居媽媽跑來說：「老師，那個衣架可以還我嗎？我住在對面頂樓，衣架快被牠們偷光了！」我望著對面陽台空空如也的晒衣竿，有點哭笑不得。這一拆不得了，這個藍鵲家族一共從附近人家偷了 32 支衣架，並搭配 79 支粗樹枝和 1 個細枝編成的巢體，組成了少見的「鋼骨結構」鳥巢，真的不得不佩服牠們的智力和能力。

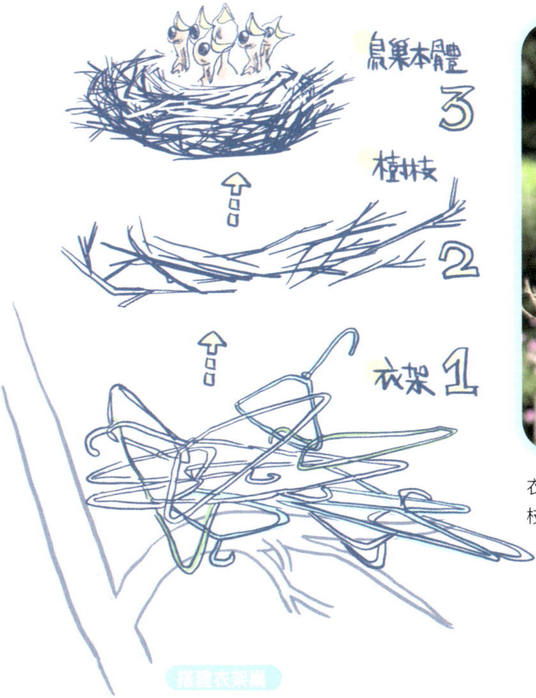

衣架其實只是基礎，上方還是有一個樹枝編織成的精緻巢體。

搭建衣架巢

藍鵲巢搭設的初期，先在樹幹分岔處以衣架鋪底，當堆疊成圓盤狀時，再插入較粗的樹枝來加密，最後再用細樹枝在先前的基礎上，編織一個育雛的巢體。這個巢歷時一個多月才完成。

這些都是我的心血！

共約 **3** kg

拆解衣架巢

整座藍鵲巢的巢材
其中內容物包括：
衣架 32 支、5 個曬衣夾、
粗樹枝 79 支 、21cm 巢體 1 個，
根據推算，
巢材重量約為 3 公斤。

曬衣夾 **5** 個

重量約：5g / 支

金屬衣架

32 支

衣架規格約：
40cmX18.5
重量約：55g / 支

藍鵲衣架
築巢影片

較大樹枝
79支
20 cm 以上
鳥巢主體
1個
21 X 23 cm

～偵探NOTE～

超有愛的大家族

很多人問我藍鵲用衣架築巢是不是因為牠們找不到巢材？根據我觀察下來，答案是否定的，因為東湖國中鄰近大溝溪公園，公園裡有大樹、草木可提供藍鵲築巢的材料，根本不缺巢材，合理的推論就是牠們很聰明，會選擇新材料來築巢，金屬衣架穩固且相對容易取得的特性讓牠們可以搭建一個基座牢固的鳥巢，好因應藍鵲巨大雛鳥的踩踏。鳥類繁殖時，雛鳥常因鳥巢不穩固而落巢死亡，而這一巢卻成功讓六隻雛鳥順利成長，親鳥真的功不可沒啊！

這裡一直提到「親鳥」，而沒有用「一對」這個量詞，是因為藍鵲「家族」有個傳統，就是共同育幼的習性，包括親生父母親以及牠們的兄弟姊妹，都會一起幫忙撫養剛出生的小藍鵲，這也被稱為「巢邊幫手制」的育雛行為。這麼有愛的家族行為在台灣鳥類裡較為少見，而藍鵲家族開始在城市裡落地生根，也算是一道美麗風景，但對其他生物來說，雜食性的藍鵲幫派未來將會對城市生態起到一定的制衡作用！

爸媽帶著哥哥姊姊
來看弟弟妹妹，超有愛！

看到我就有喜事？
我是不是該去開彩券行？

喜鵲

Pica serica

Oriental Magpie

喜鵲
@ Oriental Magpie
外來種

ID CARD

| 分類 | 雀形目 鴉科
| 別名 | 客鳥
| 居家出沒地點 | 陽台、頂樓花園

| 大小 | 體長 46~50cm，尾長 34~42cm
| 食物 | 雜食性鳥類，以種子、果實、昆蟲兩生類或人類廚餘為食，偶爾也會捕食其他鳥類的幼鳥。
| 棲息地 | 平原或丘陵的農村，也極為適應都市。

｛福氣的代表｝

「嘎嘎嘎—嘎嘎嘎—嘎嘎嘎—」
只要聽到這一陣陣怪叫，
就是喜鵲飛過來了！
雖然樣子長得滿優雅的，
叫聲卻透露出牠鴉科家族的身世。

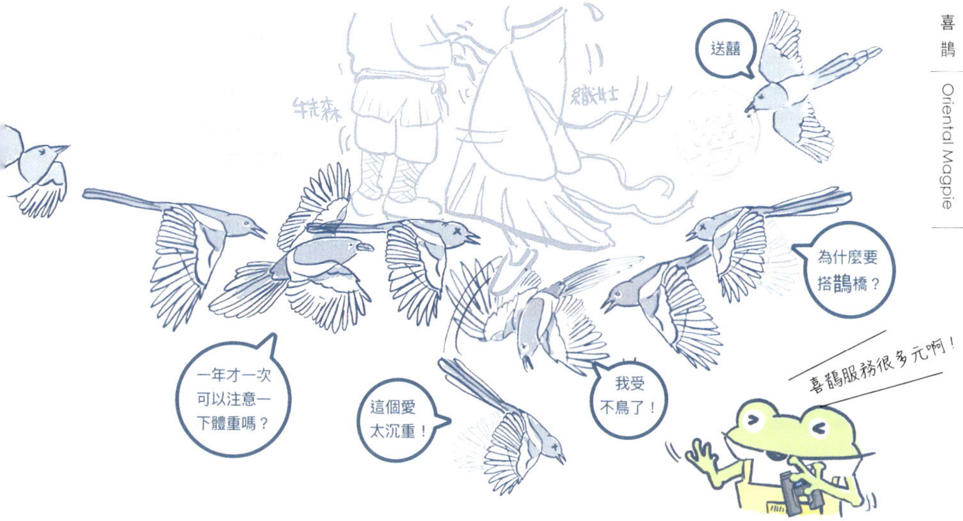

能「鳥」多勞

大家對喜鵲一點都不陌生，名字裡有「喜」字的喜鵲一直都是喜氣富貴的象徵，連從小就耳熟能詳的牛郎與織女傳說故事中，在七夕相會時所走的「鵲橋」也是喜鵲搭起來的！不過，小小的喜鵲要乘載兩個人的踩踏，應該是需要相當多隻喜鵲合力完成吧？古代的喜鵲不僅要承載人類的期望送來喜氣，又得為情人搭橋，看起來牠們的工作相當吃重。

喜鵲的羽毛具有結構色，在暗處羽色呈現黑色，但在陽光照射下會變成藍綠色。

都市鳥的不同口味

喜鵲除了天然的食物外，人類的廚餘也成了牠們的食物，所以常可在垃圾桶旁見到牠們。

黑白裝扮的紳士

根據紀錄，喜鵲是在清朝時被引入台灣，一開始分布並不廣，21 世紀後才開枝散葉，除了山林郊野，城市更是牠們常駐的地方。一身黑白裝扮的牠們，看起來像穿著白襯衫搭配黑色西裝的紳士，牠們喜歡在地上行走覓食，體型不小的牠們出沒相當吸睛，現在已成為城市裡常見的大型鳥類了。

雜食性的喜鵲除了以果實、種子、昆蟲等為食，機會主義的牠們一有機會獲取蛋白質，雛鳥、蜥蜴、青蛙甚至老鼠，只要抓得到，牠們都不會放過，而居住在城市裡的牠們，也常出沒在垃圾堆裡，翻找人類的廚餘及吃剩的食物，雖然相當不健康，但這也是部分城市動物獲取食物的來源之一。牠們成群結隊出沒，而且會在制高點鳴叫、呼喚同伴，再一起飛出，對人類警戒心不高，經常無視來往的人車在人行道、草堆上翻找食物，是城市裡常見的鳥類。

城市裡的喜鵲常成群出沒覓食，還會跟其他的動物搶食。

這隻喜鵲很「高調」，直接把巢築在人來人往的百貨公司招牌上。（攝影／吳尊賢）

高調的築巢地點

喜鵲築的巢非常好辨認，巢體大小多在 70 到 90 公分左右，比起其他鳥類，牠們的巢是相當巨大的，城市裡的鳥類，應該只有鳳頭蒼鷹的巢可以和牠們相比擬。鴉科鳥類與生俱來的大膽，築巢的地點都相當「高調」，除了大樹上，像是教堂十字架頂端、百貨公司招牌上方、圖書館外牆……，我都看過有喜鵲的巢築在上頭，就如我們常說的「最危險的地方，就是最安全的地方」！由於牠們體型大又凶，因此根本不擔心猛禽來搗蛋。喜鵲是少數會沿用舊巢位的鳥，每年繁殖季時，有時會直接在舊巢位上再搭建另一個新巢，因此能看到像糖葫蘆一般巨大的喜鵲巢，但這樣築巢方式因為堆積大量乾燥樹枝巢材，也常引來祝融之災。

驚見「大巨蛋」鳥巢

原本以為前面說的藍鵲「衣架巢」已經夠特別了，沒想到藍鵲的親戚——同為鴉科的喜鵲也略懂此道，在熱鬧的台北市中山區裡也用衣架築巢。當我收到線報趕往現場，遠遠就看到被大樓包夾著的一棵小葉欖仁樹上，有個直徑接近 1 公尺的大鳥巢。在樹枝巢材中，夾雜著衣架，現場看起來比藍鵲築巢使用的衣架還要多，而且這個巢環繞著小葉欖仁樹幹，與認知的碗狀鳥巢不太一樣，這是我第一次近距離觀察喜鵲巢。

我聯絡了發現這個巢的網友，拜託他帶我從四樓外陽台觀察，整個巢的狀態看得更加清楚——它就是一顆巨大的球體，包覆著樹幹，所以看不到巢內狀態，我驚覺這個巢的造型，不就是喜鵲的「大巨蛋」？我在現場等待了一會兒，終於看見親鳥飛回來，應該是注意到我在上頭盯著牠看，一開始牠在巢頂徘徊了一下，後來繞到樹幹後方，一溜煙地鑽進巢裡，速度快到來不及看牠是從哪裡進出的。後來透過望遠鏡觀察，才從樹枝縫隙看到巢中有鳥在移動，原來，在球狀巢頂上方藏著數個隱密的出入口，而且只有喜鵲親鳥才知道位置，這也真的刷新我對喜鵲巢的認識。

看到這樣巨大的衣架喜鵲巢，你真會以為有人在惡作劇。

不斷加蓋的鋼骨豪宅

這個巢體裡樹枝與衣架交雜一起，數量多到驚人，大約推算一下，衣架數量至少是內湖藍鵲衣架巢的 2~3 倍，誇張的是附近樹枝上還掛著女性內衣，推測應該是喜鵲偷衣架時落下的，看起來附近居民受害者眾多，內衣褲憑空消失的人應該也不少，說不定還以為有變態出沒……。雖然我好奇這樣的巢到底是由多少樹枝和衣架組成，但因喜鵲是會再利用自己舊巢位的鳥，所以無法執行拆除計畫，當然也就無法解開這個謎團！喜鵲會做出這麼安全的巢穴來育幼，遮風避雨不說，還不怕強風吹散巢材，就不知在裡頭出生的寶寶，會不會把這個新式的技術傳承起來，如果會，那大家就得小心晒衣架被偷走了！明年繁殖季，我一定要回去看看這座鋼骨豪宅是不是又變大了呢？

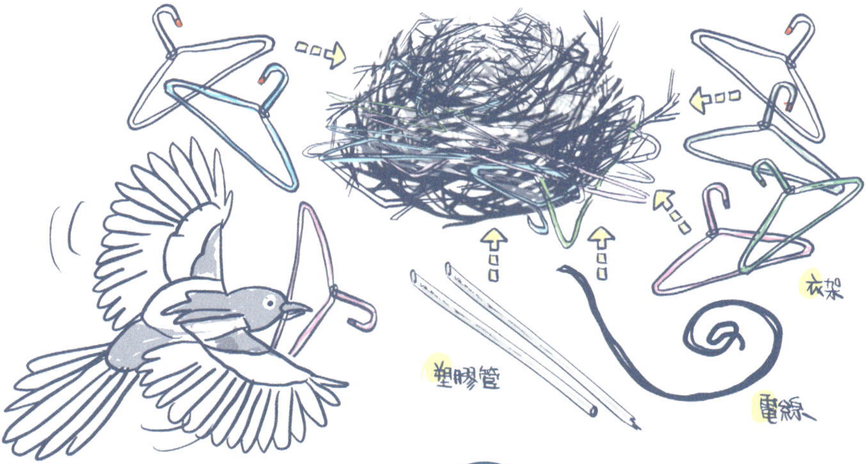
衣架
塑膠管
電線

仔細觀察衣架與衣架是勾連在一起的！不是隨意擺放
連同衣架一起被偷走的女性內衣
很有想法的建築！

比起藍鵲，喜鵲的衣架巢結構更是複雜，不但衣架數量非常多，而且不是分層堆疊，是衣架直接與樹枝交錯編織，中間還加入了一些塑膠管、電線，鳥巢的搭建技巧高超，工程堪比人類的大巨蛋。

樹鵲

Dendrocitta formosae formosae

Grey Treepie

樹 鵲

@ Grey Treepie

留鳥．台灣特有亞種

|分類| 雀形目 鴉科

|別名| 灰樹鵲、台灣樹鵲

|居家出沒地點| 陽台、頂樓花園

|大小| 體長 36~40cm，尾長 16~18cm

|食物| 雜食性鳥類，以昆蟲、果實及種子為主要食物。

|棲息地| 普遍分布於平地至海拔 2000 公尺之區域。常在公園、校園、林地或部分開墾平地、山坡地出沒。

{ 低調的鴉 }

樹叢中竄出一隻「長長」的鳥，

棕色的身影在陰影裡根本看不清楚，

只有等牠飛出來，

才知道牠也有著鴉科家族的長尾巴！

邊吃邊叫的飲食習慣

樹鵲一身不起眼的灰褐色裝扮，使牠受到的注目比較少，不過這讓牠們在樹叢中達到相當好的隱身功能。喜歡群體活動的樹鵲，一到了行道樹結果的季節，就會成群結隊來到樹上大快朵頤，像雀榕、茄苳的果實都是其最愛，我每次經過這些樹都會停下來找找看牠們在不在，不過因其外觀幾乎跟樹幹融為一體，非常不好找，還好可以用聽的，因為樹鵲們會一邊吃一邊叫，光聽聲音就可以知道有沒有在樹上。比起藍鵲和喜鵲，樹鵲的「嘎——哩－歸～嘎——哩－歸～～嘎、嘎、嘎、嘎～～～」金屬音叫聲，好像比牠們兩位鳥同學婉轉許多，也更有辨識度，不過同時好幾隻樹鵲們聚在一起邊吃邊叫，還是挺吵的！

留一點
給我吃啊！
還是榕果
卡好吃！
蟲蟲
好多汁！
這個種籽
有點硬！
怪咖，
你要不要
來一點？
有夠吵！我不想知道
你們到底在吃什麼啊！

樹鵲身上以灰褐色為主要色彩，讓牠在樹叢中有很好的隱身效果。

樹鵲體型不大，但如果遇見其他鳥類的新生雛鳥還是會捕食。

罵跑鳳頭蒼鷹

有一次，我在公園裡大老遠就聽到樹林裡樹鵲喧鬧的叫聲，怪咖動物偵探直覺一定有事，原以為牠們又在開果實 Party，結果跑過去一看，三隻樹鵲包圍一隻站在樹上的鳳頭蒼鷹亞成鳥，體型和鳳頭蒼鷹差別不大的牠們沒有靠近攻擊，只是在附近跳、飛，並扯開嗓門大叫，那隻鳳頭蒼鷹在樹幹上直挺挺站著一動也不敢動，樹鵲就一直重複著動作並叫囂。我透過望遠鏡觀察，都能感覺到那隻鳳頭蒼鷹眼神透露出無奈，最後只好跳飛離開現場，結果樹鵲還是繼續叫罵。三隻樹鵲並沒有直球對決，反而使用騷擾戰術，靠著叫聲把鳳頭「罵跑」，這也算是鳥界一絕，很想聽聽牠們到底罵些什麼？不過，應該都是些不太好的話吧！

粗心的樹鵲爸媽

樹鵲比起親戚藍鵲和喜鵲，除了體型小一些、衣著較低調，牠們築的巢也沒有喜鵲的又大又圓又扎實，也不像藍鵲一樣會用衣架搭建鋼骨結構，能給寶寶安穩的成長空間，相比較之下，樹鵲的巢顯得隨性，感覺就像用粗樹枝隨便堆疊成的淺盤狀鳥巢，雖然都築在較高的樹上，但對雛鳥來說不是很安全，每年三到七月繁殖季時，常常有民眾在馬路上拾獲落巢的樹鵲寶寶。

有一年夏天在過馬路時，我看見一隻樹鵲寶寶站在路中間一動也不動，我連忙衝到路上向行駛而來的汽車揮手，示意請他們停下，再一把撈起地上的樹鵲寶寶，將牠捧著帶到人行道上。初步檢查一下雛鳥，除了嘴角有點流血，沒有明顯外傷，看起來應該是跌落時撞擊地面，羽毛狀態是已經在學飛的程度，牠嚇呆了，在我手上動也不動，我開始沿著馬路邊行道樹尋找牠的親鳥，走了一圈都沒看到，倒是瞧見一隻親鳥在不遠處的摩托車上看著我，「喂，你的小孩在這！」我趕緊把手上的小鳥舉高給牠看，並找了一棵樹把小樹鵲放上去，然後撤到一旁遠遠觀察。果然，親鳥馬上叫了一聲，然後飛了過去，我一直等到親鳥過去照顧雛鳥，確定小樹鵲沒有安全問題才離開現場，遇見落巢雛鳥，不能直接帶走，那是「綁架」喔！正確做法是要先在附近搜尋是否有親鳥，然後再做後續的處置！

將樹鵲寶寶帶到親鳥面前，讓牠們能夠清楚看見寶寶是安全的狀態，隨後在牠們注視下將雛鳥送到安全的樹上。（攝影 / 林志玲）

~偵探NOTE~

鳩占鵲巢的謎團

關於這一個鴉科家族的「巢」，就是成語裡「鳩占鵲巢」的鵲巢，釋意是「鳩不自築巢而強居鵲巢」，比喻以霸道強橫的方式坐享別人的成果。但說真的，我還真沒見過斑鳩或其他鳩鴿科家族成員勇猛的去強占凶巴巴的「鵲」巢。經過怪咖動物偵探的查證，看來誤會大了！原來成語的「鳩」，指的不是斑鳩，而是古稱「鳲鳩」的杜鵑鳥（又稱布穀鳥）。杜鵑這種中型鳥類，自己並不築巢、孵蛋，而是趁著別人的親鳥不在家時，把蛋下到與自己體型相當或是較小的鳥類巢中，而被「托卵」的鳥類並不會知道發生了什麼事，當杜鵑的雛鳥破殼而出之後，還會本能的將原來巢中的鳥蛋或雛鳥推出巢外，讓自己可以得到養父母獨寵，更令人覺得不可思議的是牠們「下毒手」的時候眼睛都還沒睜開呢。

很快的小杜鵑鳥個頭就長得比養父母還要大，而養父母卻依然不疑有他，仍然不離不棄的撫養牠長大，這才是正版「鳩占鵲巢」！原本以為是傳說，結果近幾年在桃園已觀察到四起噪鵑托卵給台灣藍鵲的真實事件，真的令人吃驚到吃手手！只能說無論樹鵲、喜鵲、藍鵲，碰上棘手的親子問題，還是只能堅守鵲巢，讓這隻不知是誰的孩子快快長大。

城市常見鴉科家族

本土都市裡有著三種常見鴉科鳥類：台灣藍鵲、喜鵲、樹鵲，體型不小的牠們都有著修長的尾羽，都有群體活動的習性，一起出現時讓人很難不注意到其身影。這個家族還有一個習慣，就是外出活動或覓食時都會鳴叫，叫聲也都有鴉科家族不很悅耳的「特色」，常常鳥未到聲先到，識別度相當高。三個成員的羽色各有特色，可以說是城市裡的特殊風景。

家燕

Barn Swallow

Hirundo rustica

看到我
就表示春天來了

家燕
@ Barn Sawllow
夏候鳥．冬候鳥及過境鳥

ID CARD

|分類| 雀形目 燕科

|居家出沒地點| 騎樓屋簷、天花板牆角

|大小| 體長 16~18cm

|食物| 以蚊、蠅、甲蟲、蛾類、蟻、蜂等昆蟲為食，蚊子是牠的最愛。

|棲息地| 以中、低海拔開闊地為主，平地較為普遍，多見於農地、沼澤、魚塭地區，常大群於低空穿梭盤桓，在台灣為普遍的夏候鳥、冬候鳥及過境鳥。

{空中旅行家}

「嘰嘰嘰、嘰嘰嘰嘰……」

每年春夏之際，

窗外便可以聽到熟悉鳥叫聲，

我們熟悉的鳥鄰居——

家燕回來了！

很難分辨誰是誰

家燕最明顯的外型特徵，就是呈 V 字形分叉的尾羽，「燕尾服」應該就是源自於牠們吧。回到台灣的「夏候鳥」家燕，在每年春季從婆羅洲、東南亞等地長途跋涉經歷遠距離的遷徙飛行，回到出生地繁殖下一代。身為怪咖動物偵探的我，相當好奇每次回來築巢的燕子都是同一隻嗎？但因為家燕無法從外觀直接辨識公母，更何況要從這些特徵極為相似的個體分辨出是否為同一隻燕子，真的是考倒我了！

好在有科學家透過在其腳上做標記繫放的方式調查，結果發現，回到家門外的家燕幾乎都不是同一隻，雖然和我們情感認知上有些不同，這也稍稍解開了大家的疑惑。

家燕的樣子好像穿了合身西裝的型男，帥氣燕尾服非牠莫屬。

珍貴的「燕窩」

剛完成長途飛行的家燕，稍事休息之後，便馬上開始在騎樓下飛進飛出，牠們是少數會沿用舊巢的鳥類，經過一年的風雨摧殘，很多燕巢破裂甚至頹圮損壞，接續使用的燕子就會在原有巢位進行修復或重築。家燕會以口啣來濕泥並混合乾草或細小樹枝，把它弄成泥丸狀，一粒一粒地堆積，牠們就像水泥師傅一樣，一層一層的堆疊，等底層黏住並風乾，才能慢慢往上堆高，大約經過七到十天，搬運堆疊 200 到 300 個泥丸，才能堆積完成半碗狀的巢。

口水做的燕窩

看到這裡，你應該就明白為什麼牠們要使用舊巢，因為築一個新巢嘴巴太痠了！不但如此，還有些家燕會在舊巢上「加蓋」，形成了層層堆疊的「高樓燕窩」奇觀。不過家燕的「燕窩」雖堅固，但它卻不是可以食用的那種燕窩，應該不會有人想吃土吧？那種可以吃的「燕窩」是分布在東南亞地區金絲燕的巢，是用繁殖時期口中的膠質分泌物（口水）混合一些草枝、毛絨所築建而成。

點、線成面的建築工法

別小看燕子，牠們築巢的方式極具巧思，充滿了「點、線、面」的設計思維，家燕的巢像是在蓋傳統土埆厝，以泥丸組成的「點」來堆疊成面；金絲燕的巢則像是 3 D 列印方式，用像「線」的方式一絲一絲地組合黏結成巢。

家燕用嘴巴做泥丸，所堆疊出的泥巢可以承受五隻雛鳥踩踏，也是相當厲害的建築結構。

飛行捕蚊燈

家燕的親鳥無論公母都會共同協力築巢，並且一起承擔孵蛋、育雛的繁殖任務，母鳥每次約產下四到五個蛋，有些高產的親鳥一年可繁殖到二窩。待卵孵化後，親鳥就開啟了忙碌的覓食模式，家燕看似嘴喙短小，張開時卻可以變得很大，能在空中邊飛邊捕捉昆蟲，人們討厭的蚊子、蒼蠅都是牠們追捕的對象，可以說是最厲害的飛行捕蚊燈。

家燕在空中捕捉蚊子的瞬間，需要快速的反應能力。（攝影／廖志龍）

優秀的飛行員

小小的家燕擁有強大的飛行能力，可以長途跨海遷徙飛行，速度快且靈活自如。我曾觀察到家燕喝水的方式不像其他鳥類停棲在水邊低頭，而是邊飛邊貼近水面張開嘴巴喝水，在高速飛行下還要貼平水面不落水，這真的需要很強的飛行穩定性，厲害的牠們甚至可以一邊飛行一邊洗澡，一邊飛還能一邊甩乾水，彷彿在做特技表演！如果看見燕子一直低空飛行，也可能快要下雨了。快要下雨之前，由於空氣中的濕度急劇增加，很多昆蟲因為翅膀潮濕無法飛行，只能在地面爬動，而躲在土壤裡的昆蟲也紛紛爬出土外，這時，氣流較混亂不利高飛，家燕就會利用低飛的方式，確保自身安全，且又可以捕捉地面的昆蟲。

我可以在
洗澡之後
邊飛邊甩水

（攝影／黃國源）

這樣喝水
都不會嗆到？

家燕的飛行技巧高超，不但可以在空中做出各種翻轉，還可以抵抗各種天候做長途飛行。

這隻燕子在夜裡飛到修車行裡捕捉被燈光吸引來的昆蟲。

燕子的「夜生活」

燕子是日行性鳥類，入夜之後就是牠們的休息時間，雛鳥也不會再乞食，不過隨著都市化擴張，許多城市幾乎成了不夜城，閃亮的夜間燈光讓部分的家燕也開始了牠們的「夜生活」，有研究團隊發現，在附近有人造光源較強的巢，夜間家燕親鳥的餵食頻率與幼鳥乞食頻率都變高，牠們會在路燈或招牌燈下捕捉驅光而來的白蟻或蚊蟲，來當幼鳥的「宵夜」，甚至這樣日夜都餵食的方式，還可能有助幼鳥成長，提高了幼鳥離巢的成功率。目前是沒有發現家燕會特別選擇有夜間人造光源的位置築巢，也許有些親鳥還是希望早睡早起，不要熬夜睡眠不足吧！同樣的，也沒有家燕會刻意避開人造光源，似乎對人造光線有相當的耐受度，所以我們才有機會在燈火通明的城市裡，看見牠們年復一年的回歸築巢繁衍下一代。

~偵探NOTE~

古代拜金鳥？

燕子在古代被視為吉祥與富貴的象徵，古詩詞中「舊時王謝堂前燕，飛入尋常百姓家」，描述在「富貴之家」築巢的燕子，如果來到普通人家築巢則有富貴臨門之意，所以燕子應該是受歡迎的鳥，反正也沒有古書描寫燕子大便如何惱人就是了！

不過在我看起來，燕子怎麼好像是專挑豪門下手的「拜金鳥」？其實這又是燕子聰明的「選擇」，牠們才不會嫌貧愛富，這一切都是為孩子著想啊！在老舊低矮的磚瓦房舍築巢，不但不能抵抗風雨，也容易引來蛇、鼠入侵，如果是在人類活動頻繁且高大堅固的宅邸築巢，燕巢的安全性就提高許多。

燕子能帶來福氣已經是很多人的傳統印象，這也著實幫助了牠們可以在城市裡繼續安身立命，至於從巢位落下的糞便，就看在牠們幫我們人類消滅蚊蟲的份上，一筆勾消吧！

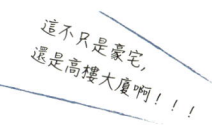

這不只是豪宅，
還是高樓大廈啊！！！

哇噻！
下面是大海！
準備出發！
隨時都在為長途
飛行做準備
孩子們
跟上喔
DAL

空中的旅行家

家燕南北遷移的足跡遍及全球，在台灣繁殖的「夏候鳥」家燕在八月底便陸續起身飛往東南亞度冬；也有少部分家燕為「冬候鳥」，會在非繁殖期的冬季留在台灣；還有一些為「過境鳥」只在短暫地停留，把台灣當作遷徙過程中的休憩點，為長時間的跨海飛行補充能量。別看每年都有大量的新生家燕出生，這些新生的「菜鳥」會在親鳥的引導下，隨著遷徙大隊一起往南移動，但長途跨海旅程中新生代約會折損 80%，僅留下 20% 的家燕肩負起族群繁衍大計，年復一年。來年春天看到燕子老朋友回來築巢（註），記得多觀察牠們一下，牠們可是強大的空中旅行家呢！

註：如果希望家燕回來築巢，騎樓不能貼覆光滑建材，這樣泥作燕巢才能黏附在牆上。

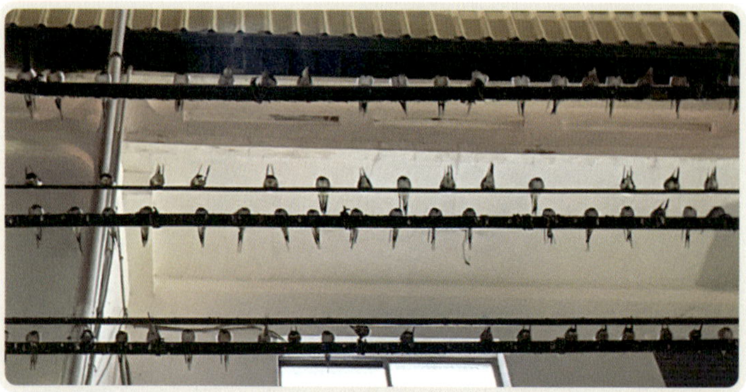

在鄰海的鬧區休息，準備第二天跨海飛行的家燕群。

大批準備跨海飛行的家燕群，
短暫在市區夜間棲習，場面壯觀。

野鴿

Columba livia

Pigeon

{最常見的鳥同學}

如果要你回想一下最常見的鳥類，

鴿子應該是排第一的吧？

牠們幾乎無所不在，

只要在有人潮聚集的地方，

廣場、公園、風景區……

都可以看到走路搖頭晃腦的牠們。

野 鴿

@ Pigeon

外來種

|分類| 鴿形目 鳩鴿科

|別名| 岩鴿、粉鳥（台語）

|居家出沒地點| 陽台、屋頂、屋角、建築物夾層、冷氣架等突起物

|大小| 體長 28~33cm

|食物| 主要是植物性食物，包括各種植物的果實和種子。

|棲息地| 廣泛分布於平地到低海拔開墾地及林地，適應人為環境，常見於都市綠地、開闊地。

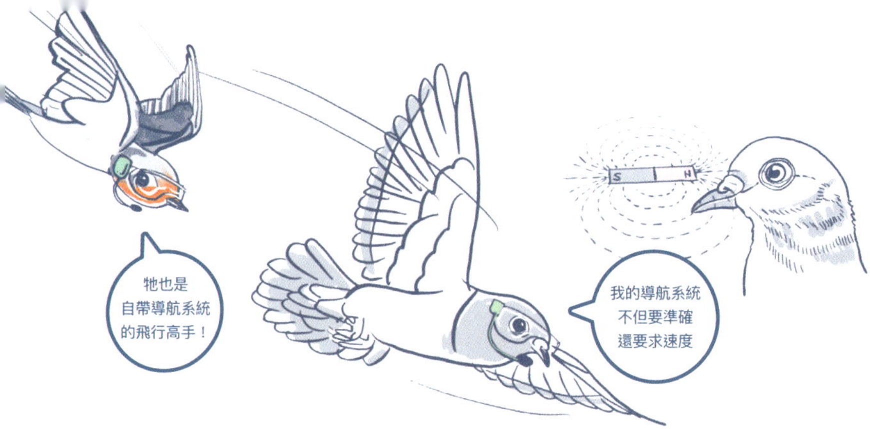
牠也是
自帶導航系統
的飛行高手！
我的導航系統
不但要準確
還要求速度

自帶導航系統的鴿子

說到城市裡最常見的鳥，應該很多人都會回答「鴿子」，但是鴿子的老家是在中非、南歐、中亞等地區，原本住得離我們老遠的牠們，怎麼能在世界各地到處都有其身影？鴿子自古以來就頗受歡迎，古人會把信件綁在鴿子腳上，利用「飛鴿傳書」來傳遞消息，雖然後來鴿子郵差沒有電影《哈利波特》裡貓頭鷹郵差紅，但因為具有認路回家的本事，牠們很早就被引入各地飼養。

但是究竟鴿子是怎樣辨別方向的呢？有項研究顯示鴿子能利用頭部的磁性物質來感應磁場，藉由判斷太陽的位置偵測地球磁場微弱方向，得出北方位置，找出回家的路。所以天氣好時，鴿子以生物時鐘結合太陽的方位而辨別方向；陰天時則靠感應地球磁場；雷雨天氣時，鴿子的磁場感應就會失靈，所以鴿子偶爾也會迷路。鴿子不僅能定位和辨別方向，還能判斷距離，牠們的視覺靈敏度比人類高出很多，在飛行中能快速辨認地景，這也是鴿子能在遠達幾千公里外回到家的另一個原因。

脖子顏色
真漂亮

鴿子不斷地繁殖，數量眾多的牠們也造就了各種不同的羽色和形態。

島嶼町紀念公園

很多地方的鴿子都有「愛心人士」定時餵食，造成城市裡鴿口爆炸的隱患。

城市裡鴿滿為患

因為人類的餵食，許多大城市裡已經鴿滿為患，也有著公共衛生的隱憂，由於鴿糞內常帶有「隱球菌」，當隱球菌入侵人體會造成呼吸道感染、咳嗽、血痰、呼吸困難和胸痛，更嚴重甚至會引發有致命危險的腦膜炎，不但如此，大量繁殖的鴿子因為群聚，容易因寄生鴿子體內的毛滴蟲引起禽鳥滴蟲症而死亡，也間接傷害到同樣在城市裡生活的鳳頭蒼鷹。台北的大安森林公園就發生多起鳳頭蒼鷹幼雛被毛滴蟲寄生而死亡的案例，就是因為鳳頭蒼鷹親鳥捕捉鴿子餵食雛鳥所引發的連鎖效應。

當你在公園裡見到嘴中「咕咕～咕咕～」叨念且踱步的鴿子時，請忍住不要餵食牠們，因為你的「愛心」不但讓野鳥群聚滋生傳染病源，大量繁殖的鴿子還會壓縮到本土鳥類的生存空間，一個由「愛」出發的小小行為，卻會引發各種生態問題，甚至害慘了原生的鳥類，所以請忍耐啊。

美食當前怎能不吃啊
留一點給我吃啊
他說要注意毛滴蟲
先吃飽再說！
你們吃得很開心，我看得很擔心！

~偵探NOTE~

銜橄欖枝的和平鴿

在聖經創世紀篇中說到：上帝看到人類的種種罪惡，決定用洪水毀滅這個世界，諾亞按照上帝的要求建造了一艘庇護部分生靈的方舟，後來洪水自天而降，毀滅了地上的一切，只有方舟上的生命存活下來，諾亞就請鴿子飛出去看看洪水是否退去，沒多久，鴿子嘴上銜著橄欖枝飛了回來，一切災難也和平落幕。

不過，把鴿子當作世界和平象徵的推手，是西班牙的藝術大師畢卡索。為紀念 1950 年 11 月在華沙召開的世界和平大會，畢卡索揮筆畫了一隻啣著橄欖枝的飛鴿，智利的詩人聶魯達稱牠們為「和平鴿」，自此鴿子被公認為和平的象徵，往後在許多活動中，都會有釋放和平鴿的儀式。從這些故事中不難看出人與鴿子從遠古時代就建立了深刻的關係，也難怪牠們的族群可以在全世界開枝散葉。

你害的啊
你們數量
好像有點太多
PEACE！
我對世界
也是有點
貢獻的
Picasso
好美的線條，
不愧是藝術大師作品！

綠鳩

Treron sieboldii

White-bellied Green-pigeon

{破笛子歌手}

榕果成熟了，

樹上成了兵家必爭之地，

許多鳥都來到樹上享用果實，

但也因為你爭我搶而大打出手，

只有牠靜靜待在樹上一隅，

大口吃著果實，

一副與世無爭的模樣。

綠鳩

@ White-bellied Green-pigeon

留鳥

|分類| 鴿形目 鳩鴿科

|別名| 岩鴿、粉鳥（台語）

|居家出沒地點| 屋頂、行道樹

|大小| 體長 30~33cm

|食物| 主要是植物性食物，採食榕果及漿果。

|棲息地| 偏好闊葉林及混合林，自平地至中海拔森林皆有分布，台北市的公園及周邊丘陵森林內也容易見到。

紅色和綠色這兩個衝突色很少能搭配得好看，綠鳩就是一個例外！

比起綠鳩在城市裡討生活的親戚們，像珠頸斑鳩、金背鳩以及常見的鴿子，綠鳩真的是偽裝高手，若非親眼所見，你不敢相信這小胖子這麼會躲！說真的，如果不是牠稍微移動位置，我還真沒察覺到牠的存在，因為身著淡雅綠色外衣的牠，幾乎跟樹葉融為一體，翅膀的一抹栗紅色恰巧又讓牠和樹幹的色彩相近，紅色和綠色這兩個被笑稱「紅配綠，狗臭屁」的衝突色，要搭配得如此協調、舒服還真不容易！這個配色方式正是生物的「體色分割」，藉由不同色彩拼接破壞其外形，讓天敵無法一眼認出牠們——這真是老天爺精心設計給綠鳩的保命服飾，好讓牠可以隱身在樹叢中享受美食。

每次看到綠鳩在拚命吃榕果，感覺好像超級美味，連我都想試試！

五音不全的直笛歌手

人們常常說：「有一好沒有兩好。」的確，沒有一個生物是完美的。衣服配色美美的綠鳩就有一個令人啼笑皆非的缺點，就是牠的「叫聲」。有次我經過一所國中門口，聽到一陣陣「呼～噢～呼～～呼～噢～呼～～」的直笛聲，而且聲音來源不止一處，當時已經是傍晚5點多，我心想這個國中的學生還真認真，都下課了還在練習直笛，不過，單音要吹得這麼五音不全，真是不容易，應該跟我這樂器白癡有得一拼⋯⋯。當我越走近圍牆邊的行道樹，才發現聲音不是從校園內傳出，而是從樹上傳來，我搜尋了一下，原來是躲在樹葉堆中的綠鳩在唱歌！這實在是跌破我的眼鏡，還以為鳩鴿科鳥類的叫聲都是「咕咕～咕咕～」的叫，沒想到美麗又可愛的牠們，叫聲像是直笛吹出來的單音！不過，本來以為斑鳩的叫聲已經夠惱人了，結果比起來，雄綠鳩的求偶叫聲應該可以榮登本土鳩鴿科鳥類歌聲「最不悅耳」的第一名，難怪有人叫牠「破笛子」啊！

站到制高點，綠鳩先生準備要開始牠的「破直笛」表演了！

~偵探NOTE~

老神在在享用大餐

公園裡的雀榕在春天結果了，吸引大批城市鳥類來覓食，我稱它為「榕果餐廳」。身為怪咖動物偵探，我都會來到樹下偷偷觀察到底有哪些食客造訪餐廳。白頭翁、紅嘴黑鵯幾乎是三五成群來搶食，看起來是餐廳的常客；牠們有時還會霸道的驅趕體型較小的綠繡眼，不讓牠靠近餐廳，這行為是不是「奧客」？而五色鳥則是一邊吃一邊「叩叩叩」的呼朋引伴，告訴大家：「趕快來，有好吃的！」有時候還會有幾隻過境的赤腹鶇飛來。比起前面那些各有盤算的食客，綠鳩就顯得輕鬆自在，可能是牠的體型稍大，才不管旁邊其他食客爭食，自己則默默待在餐廳角落大快朵頤，又因為牠的偽裝服，讓人不易發現牠的存在！牠一來就是一整天，榕果一顆接一顆吞下，直到把臉頰都撐到脹起來為止，實在是溫和又有喜感的鳥。

叩叩叩！
叩叩叩！
親戚五十，
朋友一百
卡緊來吃喔！
阿北！
別再過來囉
喵的勒
那位大嬸！
離開我的地盤
讓我安安靜靜
享受美食
我要低調
偷偷吃
等等我，我也要去吃！

珠頸斑鳩

Spilopelia chinensis

Spotted-necked Dove

珠頸斑鳩

@ Spotted-necked Dove

留鳥

ID CARD

| 分類 | 鴿形目 鳩鴿科

| 別名 | 斑頸鳩、斑鴿

| 居家出沒地點 | 陽台、屋頂、屋角、建築物夾層、冷氣架等突起物

| 大小 | 體長 28~32cm

| 食物 | 以植物種子為主食，喜食穀物。

| 棲息地 | 廣泛分布於平地到低海拔的開墾地及林地，適應人為環境，常見於都市綠地。

｛尋找姑姑姑｝

清晨六點，

「姑姑～姑姑～姑姑～～」

窗外傳來一陣又一陣的叫聲，

這已經是連續好幾天被牠叫醒，

看來這個「鬧鐘」應該會持續一陣子，

畢竟姑姑不是那麼容易找到的！

姑姑不在這啦！

「姑姑～姑姑～姑姑～～」那隻鳥又在清晨到窗戶外報到，我很想立刻拉開窗簾，大喊一聲：「小龍女（註）不在這啦！」不過我還是忍住了！窗外的男主角是珠頸斑鳩，所以我就幫牠取了個名字叫「楊過」。牠腳下站的冷氣架正好是一個制高點，所以幾乎天天來報到，每天都唱著同一首聽起來有點平淡曲調的求婚曲。

註：楊過為金庸小說《神雕俠侶》的男主角，小龍女為女主角，楊過稱小龍女為「姑姑」。

每天早上到陽台報到的珠頸斑鳩，專利用制高點來演唱牠的情歌。

惱人的噪音

珠頸斑鳩規律的循環叫聲常常讓人誤會，以為是機器運轉發出的噪音，也曾經有網友上網求助，說住家附近有人私養貓頭鷹，每天清晨「咕咕～咕咕～」叫，要不要通報動保處？我看得啼笑皆非，因為貓頭鷹白天是在睡覺的呀！而他需要去舉報的單位是環保局，因為是珠頸斑鳩正在大唱情歌，所製造的是「噪音」啊！

在空中「秀肌肉」

在春夏交際等紅綠燈時，我常看到遠方的天空有一隻鳥在「飄」，其實也不算是飄，而是公珠頸斑鳩先飛到高樓樓頂，然後從上一躍而下，將翅膀、尾羽全展開來滑翔，就像風箏一樣滑過天空，又稱為「展示飛行」，這是「楊過」專門準備給「小龍女」們看的表演，原來牠們不止會唱單調的情歌，還會特技表演吸引女生注意啊！不過珠頸斑鳩怪咖的詭異飛行方式只發生在繁殖季，其他時候，可都是老老實實的在地上來回踱步移動找食物呢！

真的是
有夠臭屁！
美女！
快來看我表演！
牠跳下去了!!

珠頸斑鳩求偶時的招數除了唱歌以外，還會從高樓躍下在空中「秀肌肉」，希望得到雌鳥的青睞而得到交配權。

楊過求婚表演

將近一個月的時間，每天早上楊過都會來吵我睡覺，久而久之我也習慣了。直到有一天，我又聽到牠在窗外唱歌，「姑姑～姑姑～～」節奏越來越快，我睡眼惺忪地在窗邊偷看，原來今天這小子真的找到牠的「小龍女」了，只看到牠一邊叫、一邊上下點頭，脖子上像珍珠項鍊般的羽毛呈現了一種特殊的律動，這樣的動作一直持續快十分鐘，我一邊偷窺一邊想著「今天會不會求婚成功」？結果兩隻珠頸斑鳩突然無預警「噗」的一聲一起飛走了，是我在偷窺被發現了嗎？雖然沒有看到最後成功交配的畫面，不過那天之後，楊過就沒再來我窗邊找姑姑了！失去了惱人鬧鐘的我竟然有點失落，但想到楊過應該是去築巢生孩子準備當爸爸，還是滿替牠開心的！

我們要趕快加入群組

紅鳩

Streptopelia tranquebarica

Red-collared Dove

紅鳩
@ Red-collared Dove
留鳥

分類 | 鴿形目 鳩鴿科
別名 | 火斑鳩、火鳩
居家出沒地點 | 陽台、屋頂、電線上

ID CARD

大小 | 體長 17~20cm
食物 | 以植物性食物為主，常在地面尋找種子、果實。
棲息地 | 海拔 600 公尺以下的丘陵、平原、旱田、乾燥的開闊荒地，大群停棲在電線或樹上。非常適應都市，在公園綠地經常可見。

{ 樸素一族 }

這隻體型嬌小的鳩，

並不是斑鳩的幼鳥喔，

牠們雖然一身樸素低調，

但牠們喜歡群體一起活動，

這可一點都低調不了！

紅鳩的性別光靠羽色就可以辨認，左為雄鳥，右側較黯淡的是雌鳥。

紅鳩部隊成群出動

比起愛現的珠頸斑鳩，紅鳩就顯得樸素許多，牠們是原生的鳩鴿科鳥類中體型最小的一種，羽色偏紅且無其他斑紋，尾羽比較短，頭部是淺灰色，而且脖子上只有披著一小截黑色的圍巾裝飾，顯得相當低調典雅。牠們的鳴唱聲也不像斑鳩或是金背鳩一樣急促、有標誌性，而是一連串三至四聲沙啞低沉的「呼呼～呼呼～呼呼～」聲，這一個不太有特色的叫聲，正好與牠們簡樸的模樣呼應。不過羽色偏素雅的牠們算是原生鳩鴿科鳥類中很容易辨認公母的一種，公的紅鳩羽色為鮮豔磚紅色，母的則好像有點褪色般的淺土紅色，都是樸素一族。不要小看個子小，牠們可是以數量取勝，尤其在收割或新播種的農地，時常可以見到一大群的紅鳩部隊覓食，一到傍晚，還可以見到牠們成群停棲在電線、樹枝上休息的壯觀景致。

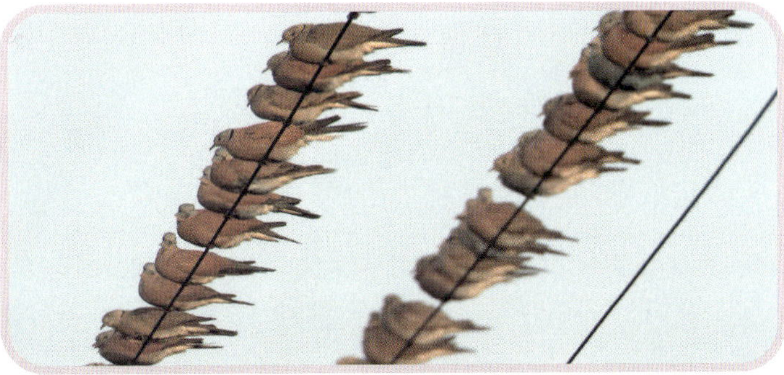

傍晚停棲在田邊電線上的紅鳩大軍，族群數量相當驚人。

小朋友
要多曬太陽
真的
好熱喔！
太陽好大
可以告牠
虐童嗎？
這樣腦袋
會晒壞掉啦！

隨便鳩的隨便巢

不過，這個鳥口眾多的紅鳩家族，築巢的方式卻令我跌破眼鏡。曾在故宮南院外的公園裡，一晚上觀察到超過二十個紅鳩巢，誇張的是手電筒一照，竟可以清楚地看見巢裡的蛋或是親鳥的屁股，築巢的樹枝少得可憐，也難怪大家都稱牠們為「隨便鳩」！你可以說牠們是走簡約風格，但在現場走一圈，就在周圍的樹下撿到六顆蛋，和兩隻落巢的雛鳥⋯⋯。不但如此，我還在嘉義高鐵站外面看到路燈正上方有一個巢材稀疏的鳥巢，巢裡有一隻鳩鴿科的雛鳥，那是一個完全沒有遮掩、太陽直晒的區域，南台灣夏日炙熱的太陽就直接晒在雛鳥身上，為了要查證是誰那麼的粗心，在現場等了半個多小時，終於親鳥回來了！就是俗稱隨便鳩——紅鳩的「傑作」！那時候是中午時分，為了要求證，我都晒得頭昏腦脹，紅鳩寶寶應該快變「烤小鳥」了吧！唉，紅鳩爸媽你們可以多用點心嗎？

紅鳩簡陋的巢是由少少的巢材搭建而成，從樹下都可以看見牠們從縫隙露出來的身體。

~偵探NOTE~

放生還是放死？

紅鳩的集體行動特性，是利用龐大數量優勢來讓牠們的天敵猛禽不敢輕易靠近，卻讓不肖商人對牠們動起歪腦筋，運用鳥網大量捕捉之後，一大箱一大箱賣到鳥店。你一定好奇會有那麼多人想要養紅鳩嗎？還是拿來吃？其實這些都是等待民眾買來「放生」的。有些宗教團體鼓吹透過「放生」可以赦免過錯、添壽、帶走霉運、積功德……，讓信眾出錢購買各種生物來放生，鳥類因為自由翱翔天際的形象，最受放生團體青睞，因此中南部田野間最常見的「紅鳩」就成了這場交易的苦主。很多放生的人都認為自己在做一樁美事，但他們都不知道這背後蘊藏了龐大的商機同時也是殺機，在捕捉以及運輸過程中鳥類可能會受傷、衝撞籠子或受到壓迫而傷亡，被帶離原棲息地放生的紅鳩，死亡機率也很高。另外，移地不當放生的鳥類還有可能威脅當地野鳥的生存空間，如果放生鳥來自有禽流感或帶有病菌的區域，也有病菌傳播的疑慮。

所以看到上述這一些問題，原本出自善意的「放生」真的是「放生」嗎？是行善，還是行惡呢？如果真要行善，應該直接參與棲地保育，救生、護生才能對生命做最大貢獻！

整個城市
都是我的大餐廳

金背鳩

Streptopelia orientalis orii

Oriental Turtle-Dove

金背鳩
@ Oriental Turtle-Dove
留鳥 台灣特有亞種

| 分類 | 鴿形目 鳩鴿科

| 別名 | 山斑鳩、大花斑（台語）

| 居家出沒地點 | 陽台、屋頂、戶外走廊

| 大小 | 體長 30~33cm

| 食物 | 主要是植物性食物，包括穀物、草籽，也會採食植物嫩芽。

| 棲息地 | 海拔 2100 公尺以下開闊疏林地，市區的公園或安全島也常見到牠們的身影。

{穿金戴銀的鳩}

常常在街上見到正在覓食的牠，
很難不被翅膀上的金色斑紋吸引，
比起其他常見的鳩鴿類，
牠們可是大了一號，
這也讓牠特別顯眼，
彷彿有城市霸主的感覺。

金背鳩公鳥與母鳥特徵相似不容易辨認。（左為公鳥，右為母鳥）

鳩竟誰是誰？

體型比其他斑鳩稍大的金背鳩，原本棲息在中海拔山區闊葉林，這些年紛紛搬到都市裡生活，甚至比其他斑鳩、紅鳩等鳩鴿科鳥類來得更常見，到處都有牠們踱步覓食的身影，這應該是都市的環境變好了，人們對於生物友善程度增加的結果。很多人把金背鳩和珠頸斑鳩搞混，根據我的觀察，金背鳩其實是「假有錢」，脖子上戴的項鍊只有一小截，不像珠頸斑鳩，直接戴上一大圈珍珠項鍊，不過好像也不能這樣子比較，比起珠頸斑鳩身上磚紅樸素的羽色，金背鳩身上的羽毛像用暗金色鋪底，再畫上了金線，可說是十分高調。

你們都比不上我貴氣
我的小截項鍊是點綴
我羽毛的鑲金線才是重點
紅鳩
鳩愛比耶！
你們不懂我是低調
金背鳩
條狀黑白斑塊
短黑色條
黑色斑塊白色斑點
珠頸斑鳩
都是各有特色啦！

大唱饒舌情歌

金背鳩的求偶歌聲也常常和珠頸斑鳩搞混，雖然同樣是「姑姑～姑姑～」的叫，但牠們卻像念 RAP 似的加快兩倍速「姑姑～姑姑～姑姑～姑姑～姑姑～姑姑～」，饒舌歌手的情歌唱法仔細聽還是有些差異的！而且公金背鳩唱情歌時，都是女友在身邊，常常一曲歌罷，兩隻鳥站在一起互相理毛，卿卿我我一番，之後才完成交尾的洞房典禮，相當羅曼蒂克！

在一陣求偶儀式後，交配中的金背鳩。

「隨便鳩」的家族傳統

金背鳩因為體型較大容易辨識，現在已是我們生活周遭常見的鳥類之一，牠們搬到都市之後，還有一個生活習慣的改變，就是直接入住人家的陽台，在陽台的網架上築巢。朋友家陽台曾經來了一對金背鳩，一開始以為牠們只是暫時停棲在窗台上休息，沒多久陽台角落出現樹枝，初始友人以為是風吹進來的，掃地時就一併將它清除，沒想到過兩天，看見金背鳩叼著樹枝回來，才證實牠們在「築巢」，但與其說是巢，卻更像亂放的枯枝，不過為了不打擾牠們，他還是減少進出陽台，果然沒過幾天，那堆亂枝上就多了兩顆蛋！這麼簡陋的巢，看了真讓人啼笑皆非。

你這樣
真的鳩不行啦！
我會不會
破掉啊？
巢材那麼少
我幾乎
沒有鋪到草
好不好？
我就廢！
有鋪草
已經不錯了！
還挑！

鳩鴿類的嗉囊腺在育雛時會分泌富含蛋白質和脂肪的鴿乳，用來餵食幼鴿。雛鳥會透過推擠親鳥胸部，促進嗉囊腺生產鴿乳。

「鴿乳」不是乳

陽台上金背鳩爸媽經過半個多月輪流孵蛋，終於，寶寶破殼了，再過一週，雛鳥開始長出羽毛，不料正好遇上颱風，大風大雨過後，親鳥不知怎麼了一整天都沒有回來，看到親鳥遲遲未歸，友人緊急來電求助，詢問我是不是可以餵牠們吃小米？我連忙制止，因為鳩鴿科雛鳥吃的食物和一般鳥類完全不同啊！我說牠們要吃「鴿乳」，這句話朋友聽得一頭霧水，他說只聽過「乳鴿」……，鴿子又不是哺乳類，哪來的鴿乳？況且雛鳥不是都吃昆蟲、果實？好吧，趕緊解釋一下這個猶如繞口令的對話，「乳鴿」是指剛出生的鴿子，鴿子親鳥口中的嗉囊腺在此時會分泌一種富含蛋白質和脂肪的物質，用來餵食幼鴿，這種物質稱為「鴿乳」——鴿子的嗉囊腺平時不會分泌鴿乳，要在其繁殖期間，嗉囊腺才開始作用。在牠們餵食的過程中，雛鳥會推擠親鳥胸部，促進嗉囊腺生產鴿乳來育雛，而且和哺乳動物不同，鴿乳不是母鳥獨有，不論爸爸媽媽皆能分泌鴿乳，都可以輪流餵食幼鳥。

後來那對金背鳩親鳥還是沒有回來，陽台上可憐失親的幼鳥，只好送到台北野鳥學會的救傷中心安置了，希望牠們還是可以順利長大野放啊！

♀

金背鳩

台灣特有亞種 *Streptopelia orientalis orii*

Oriental Turtle-Dove

珠頸斑鳩

Spilopelia chinensis 留鳥

Spotted-necked Dove

— 黑色帶環繞脖子 2/3 圈

——— 翅膀紅棕色

城市常見

鳩鴿家族

Common urban Pigeons & Doves

紅鳩

Streptopelia tranquebarica 留鳥

Red-collared Dove

綠鳩

留鳥

Treron sieboldii

White-bellied Green-pigeon

野鴿

Columba livia 外來種

Pigeon

黑冠麻鷺

Gorsachius melanolophus

Malayan Night-Heron

黑冠麻鷺
@ Malayan Night - Heron
留鳥

|分類| 鵜形目 鷺科

|別名| 黑冠虎斑鳽、地瓜鳥、大笨鳥

|居家出沒地點| 屋頂、花園或庭院綠化帶

|大小| 體長 45~47cm

|食物| 以蚯蚓為主要食物，亦攝取昆蟲蜥蜴、蛙類及魚類等。

|棲息地| 海拔 1000 公尺以下的闊葉林、竹林以及農墾地都可找到其蹤跡，在公園以及社區、馬路的綠化帶也很常見。

{呆若木雞笨笨鳥}

「這是假的啦！」

「是真的，我沒騙你！」

一對情侶指著前方物體議論紛紛，

但牠依舊不為所動，

彷彿自己並不存在。

「什麼鳥」是牠

「那到底是什麼啊？好像有在動喔！」樹下一團黑色物體，讓這對情侶駐足許久，正好經過的我，也好奇地停下腳步一探究竟，當時天色昏暗，我為了看個仔細，越湊越近，樹下那團東西竟然開始左右微微晃動，脖子也伸得越來越長，越來越長！有沒有覺得這樣的描述聽起來好像是恐怖片的場景，這可是真實發生在師大夜市對面小公園的事，其實製造恐怖氣氛的，是叫做黑冠麻鷺的怪咖鳥。

牠是榮登怪咖動物偵探被人詢問度最高的城市鳥類。基本上只要一有人準備要問「什麼鳥」的時候，幾乎都是有關黑冠麻鷺的問題，所以我開玩笑說牠應該改名為「什麼鳥」。也因為牠經常出現在城市人口稠密區的公園或綠化帶，動也不動的牠也常被叫作「大笨鳥」；最近，在中小學校園裡則是因為牠棕色的羽色和縮在一團胖胖的身體流行稱牠為「地瓜」，看來，黑冠麻鷺真是都市傳說裡的話題鳥。

黑冠麻鷺其實有超長脖子，平時站立時脖子是縮起來的，所以整隻鳥看起來圓圓一坨，也難怪有地瓜的稱號。

自認有隱身術的鳥

黑冠麻鷺常常呆立在路邊，有人用「呆若木雞」這個成語來形容牠，但事實上牠並不呆，幾乎都在地面上活動的牠，常像在站衛兵一樣一動也不動，我總覺得牠也不知哪來的自信，總是一副「 你沒看見我～我不存在！」的模樣，即使有人靠得很近也不跑走，所以這隻怪咖鳥常引來路人對牠議論紛紛，還曾經有愛心人士，自以為這隻鳥受傷了，通報動保處來救助，大夥才一靠近牠，牠立刻縮著脖子用快走的方式逃離，根本沒有事，相當滑稽！蜷縮著身體的黑冠麻鷺的確像顆地瓜，但當牠們受到驚嚇或遇到危險時，會慢慢的伸長脖子，接著扭動脖子，讓自己呈現一個詭異的狀態，甚至在移動的時候也會讓身體彷彿一片被風吹動的樹葉，有著不正常的震動，其實這些都是要轉移敵人的注意力，爭取逃命的機會。

黑冠麻鷺在路邊守株待兔等獵物，很多人都誤以為牠受傷了。(攝影 / 陳月娌)

受到驚嚇的黑冠麻鷺。

惦惦吃三碗公的狠角色

其實這怪咖每次動也不動的站著，是在觀察草地裡是否有蚯蚓或其他昆蟲與生物移動，牠可以透過土地細微的震動和聲響正確判斷蚯蚓的位置，然後在上方耐心等待，最後用牠的尖嘴，準確的將蚯蚓和其他生物拉出地表，非常厲害呢！而且不只如此，這個怪咖最近又因為一個新的紀錄成了話題，有網友拍到牠在半夜三十分鐘內吃了七隻蟑螂，被網民讚爆是「克蟑」小英雄！不過別以為牠只吃蚯蚓、蟑螂這小東西，看起來呆呆的大笨鳥其實是個「機會主義」的大胃王，只要牠捕捉得到的活體動物，小至青蛙、蟾蜍，大到麻雀、老鼠，都曾有人目擊被牠吞下肚子，看起來很溫和的黑冠麻鷺，沒想到是個惦惦吃三碗公的狠角色呢！

蚯蚓是黑冠麻鷺的最愛，但雜食性的牠只要能抓到，什麼都吃。

有
蚯蚓！
等～
忍耐一下
等～
上面
好像有
刺客
機會來了！
這樣
也能被咬到
哇！
這也太長了！
我GG了！

在人來人往的大樓中庭花園也能遇見黑冠麻鷺在覓食。

超強的城市適應力

你一定無法想像，幾乎跟麻雀一樣目擊率超高的黑冠麻鷺，其實在1990年左右，因為個體數量稀少，又只在郊野地帶的山林裡活動，曾被列為「稀有」的鳥類呢。誰知道幾十年過去，牠從山裡搬到了城市綠地落腳，數量開始穩定成長，這些綠地不限於大型公園，連校園或是人車鼎沸的交通綠化帶，都可以看到牠的身影，這個轉變應該可以說牠們做了一個絕佳的選擇——雖然有人、車等各種干擾，但對黑冠麻鷺來說，可以遠離大型的猛禽天敵，使得雛鳥育成率大幅增加，再加上人們保育意識提升，我們認為的危險之地，竟然成了牠們族群成長的天堂。

怪叫的求偶情歌

有次快天亮，聽到窗外傳來一陣「固～固～固～」的超低沉叫聲，讓昏昏欲睡的我突然精神一振，心想該不會是某種我沒見過的貓頭鷹在叫吧？這可是城市裡的大新聞啊！抓了相機和手電筒就往樓下狂奔，循著聲音位置找過去，終於在路邊招牌架上頭，看到有隻黑冠麻鷺脖子鼓得大大的正在怪叫……，原來低沉的叫聲來自於牠！害我白高興一場！原來那是黑冠麻鷺的求偶情歌。還好牠只有在春夏繁殖季才會發出叫聲，不然如此低沉怪異歌喉，可能一下就被人類驅逐出境了！平常在地上走動覓食的牠們，配對成功後會飛到樹上產卵，有時巢就築在行道樹上，所以外出要稍微注意四周，如果看到地上有一大圈白色鳥糞，那可能是黑冠麻鷺在樹上育雛，要小心繞開，不然可能有被鳥屎噴射到的危險！

黑冠麻鷺會在樹上育雛，約有 3~4 隻幼鳥。（攝影 / 吳尊賢）

成鳥和亞成鳥

黑冠麻鷺的亞成鳥常被誤認為是不同種的鷺科鳥類，「亞成」就是指黑冠麻鷺的「青少年時期」，這個時期的牠們，全身呈現灰褐色的羽色，還布滿白色斑點。等到成年後，則會換上棕紅色的羽毛，樣貌與青少年時期完全不同，成鳥在頭頂上還會長出藍黑色的冠羽，也因此得名。

黑冠麻鷺
生態影片

無尾鳳蝶

Lime Butterfly *Papilio demoleus*

信不信我臭死你！

{臭角大王}

金桔樹的葉子被蟲吃光光，

禿禿的枝條上有著一隻大蟲子，

看起來吃得很飽一動也不動，

我好奇的用手指戳了一下，

牠竟然抬起頭，

頭部出現了一個橘紅色的「角」，

我的手指也沾染了奇怪的臭味……

無尾鳳蝶

@ Lime Butterfly

|**分類**| 鳳蝶科 鳳蝶屬

|**別名**| 花鳳蝶、黃斑鳳蝶、達摩鳳蝶

|**居家出沒地點**| 陽台盆栽、頂樓花園

|**大小**| 展翅 7~8cm

|**寄主植物**| 幼蟲取食各種芸香科植物，如柑橘類植物、過山香等。

|**蜜源植物**| 矮仙丹、繁星花、馬纓丹及馬利筋等。

|**棲息地**| 主要分布於平地至低海拔山區，為都市常見的蝶類。

「不知道是誰，把我的金桔葉子吃光光，我的金桔沒了！」在頂樓整理花園的媽媽氣呼呼的說。我趕緊去一探究竟，先看到花盆下一堆黑色大便，沿著光禿禿的金桔枝脈尋找，就找到兩隻大約 3 公分左右的綠色毛蟲，頭上有兩顆大大的「眼睛」，而且還像是漫畫裡那種水汪汪的漫畫眼！比對資料才知道這可愛的毛蟲是無尾鳳蝶的幼蟲，而且那大眼睛可不是真的眼睛呢！

無尾鳳蝶毛蟲在胸部的「眼睛」並不是牠們真的眼睛，是專門用來嚇唬敵人的「假眼紋」，牠們真正的眼睛長在頭部，非常細小。

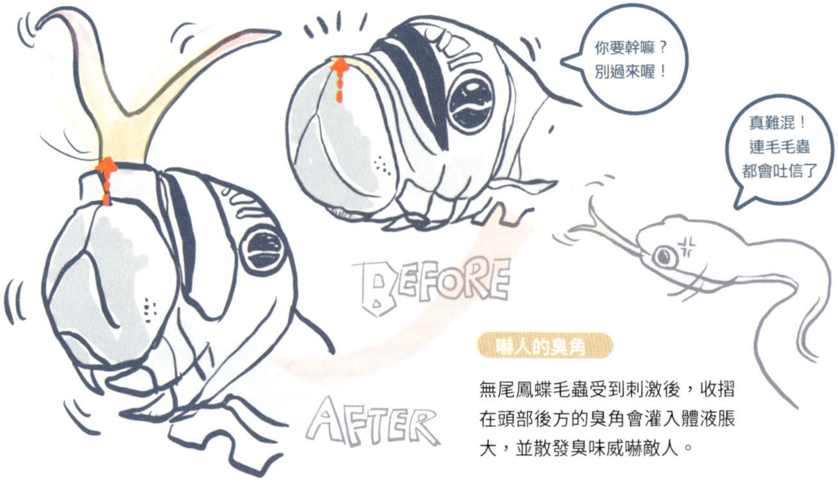

你要幹嘛？
別過來喔！
真難混！
連毛毛蟲
都會吐信了
BEFORE
AFTER

嚇人的臭角

無尾鳳蝶毛蟲受到刺激後，收摺在頭部後方的臭角會灌入體液脹大，並散發臭味威嚇敵人。

嚇人的「臭角」

我在翻找毛蟲時碰觸到樹枝，其中一隻立刻揚起頭部，然後竟然從頭部後方吐出了一個上半段紅色、下半段橙色、Y字形像「角」的東西，讓牠看起來好像一條在吐信的小蛇，同時還伴隨一股酸味，像是臭酸的橘子味或爛水果味，聞久了還真不舒服！那怪異的結構，是鳳蝶類幼蟲特有的防禦構造——臭角。

臭角平時收摺在體內，原本我誤以為是像氣球一樣充氣而膨脹，其實是藉由灌入體液讓收摺在頭部後方的臭角脹大，而臭味源自幼蟲所食植物的葉子的代謝物質，在體內經化學反應後儲存於臭角內，累積到一定程度便成了刺鼻的味道。當無尾鳳蝶毛蟲受到騷擾時，便從頭部後方伸出帶有特殊氣味的臭角，並仰起頭部呈現像蛇吐信的姿態，有時牠們甚至會從嘴裡吐出腸道內的褐色汁液，全力驅趕敵人。

脹大的臭角讓牠的體型大了一號。

一開始以為自己眼花，這像鳥糞的也是無尾鳳蝶的毛蟲。

「食」力驚人的毛蟲

朋友提醒金桔樹要再仔細的找一遍，因為可能還有其他漏網之蟲。第二天我便展開毛蟲大搜索，果然在附近較小棵的金桔樹上找到更小的蟲，但這些蟲都不是綠色的，是黑灰底色，加上一些白斑，牠們的樣子讓我懷疑是不是同類？因為怎麼碰都沒有吐出臭角（註），與其說牠們是毛蟲，牠們看起來根本像是鳥大便！為了方便觀察，我乾脆把「鳥大便」蟲和金桔盆栽搬到室內，也因為環境周圍沒有其他芸香科柑橘類植物，所以牠們都會乖乖的待在這盆植物上。

四隻毛蟲在室內觀察了將近一個月，鳥糞狀的牠們脫了四次皮，才變成我最早發現的綠色會吐臭角的毛蟲，期間還因為葉子被吃光，緊急去花市買了一盆金桔樹回來，對抗這四個「食力驚人」的寶寶，直到第二棵金桔樹也剩下寥寥幾片葉子時，牠們終於都結蛹了。

註：無尾鳳蝶的 5 齡幼蟲才會有臭角，1~4 齡幼蟲是靠偽裝成鳥糞來保護自己。

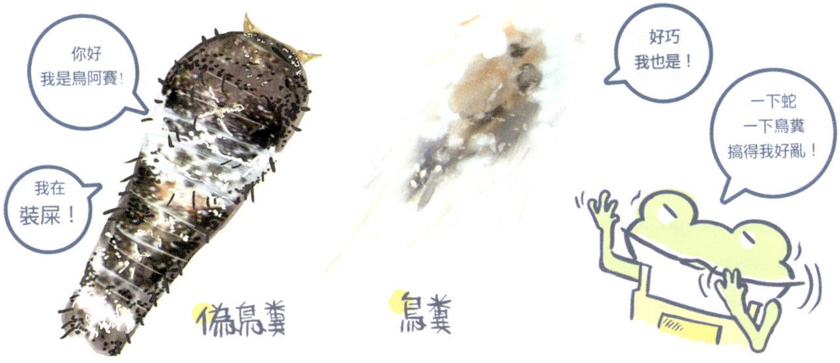
你好
我是鳥阿賽！
我在
裝屎！
偽鳥糞
鳥糞
好巧
我也是！
一下蛇
一下鳥糞
搞得我好亂！

不過，這四個蛹又出現令人摸不清頭緒的變化，因為牠們的蛹竟然有綠色和褐色兩種顏色。原來不同色型的蛹，其實是無尾鳳蝶為了讓自己化蛹之後可以躲避天敵的隱身技巧，牠們會根據化蛹場所環境來決定蛹色變化，綠色枝幹以及偏綠環境造就了綠色型的蛹；褐色枝幹以及褐色、暗色環境就形成褐色型的蛹，幼蟲時期從卵、毛蟲到化蛹，每一個時期都展現了牠們高超的偽裝能力。

不過不知是不是在室內環境的關係，有兩個蛹跟樹枝的固定絲線沒有綁牢，一個掉到花盆上，一個搖搖欲墜，趕緊求助有養蝶經驗的友人，建議我用紙片捲成冰淇淋甜筒狀，然後將蛹放入，再用夾子固定在不會被螞蟻侵擾的地方，這樣牠們就能繼續成長，如果沒有這樣做，倒臥的蛹可能還是會成長，但待蝴蝶羽化時就會因為卡住無法伸展翅膀而產生畸形甚至死亡！包括掉落的蛹，四隻蝴蝶都在盛夏結蛹後第十天夜裡順利羽化，早上起床看到成蝶都停棲在紗窗上，趕緊放牠們出去尋找蜜源，看著鳳蝶振翅飛走的身影，怪咖動物偵探的媽媽幽幽地說:「真美！……等一下！牠們出去繼續繁殖下一代，那我的金桔不就又完蛋了！」

用紙捲成甜筒狀，變成蛹的保護架。

無尾鳳蝶褐色型的蛹完美與樹枝融為一體，達到隱形的效果。

~偵探NOTE~

從蟲到蝶－奇妙的變身過程

無尾鳳蝶的幼蟲是以「齡期」做為成長的依據。剛剛從卵孵化出來的幼蟲為「一齡」，之後每脫一次皮就增加一齡。無尾鳳蝶幼蟲階段共分五個齡期，且不同齡期有不同的色彩狀態，一到四齡時是黑白鳥糞狀，五齡則變成綠色且有黑色斑紋。無尾鳳蝶在幼蟲階段大約是二到三個星期就會化蛹，蛹期因為氣溫高低影響而長短不同，天氣溫暖時羽化較快，溫度低時則羽化較慢，一般短則大約一、二週，長則不超過二個月左右，在夏天約一個月左右就可以觀察由卵到成蝶的整個成長過程。

驚不驚喜？意不意外？

夾竹桃天蛾

Daphnis nerii

Olender Hawk-Moth

夾竹桃天蛾
@ Oleander Hawk-Moth

| 分類 | 天蛾科 白腰天蛾屬
| 別名 | 粉綠白腰天蛾
| 居家出沒地點 | 陽台盆栽、頂樓花園

| 大小 | 展翅 7~9cm
| 寄主植物 | 幼蟲以夾竹桃科植物，如日日春、蘿芙木等為食草。
| 蜜源植物 | 各種花蜜。
| 棲息地 | 主要分布於低海拔地區，為都市常見的蛾類。

{假面超人}

明明就是條毛毛蟲，

身上卻有兩顆大大的「眼睛」，

「眼睛」裡還閃著藍光，

這根本不是蟲，是外星人吧！

到底是什麼怪物呢？

遇見鹹蛋超人

一早被手機訊息吵醒，朋友傳訊息來說：「我們店外面有一隻超大的毛毛蟲，長得肥肥胖胖，我很害怕，你可不可以來救我一下？」我看完訊息，馬上驅車出門趕赴朋友開的咖啡店，畢竟救「蟲」要緊啊！才剛到，朋友已經在門口等我了，這是一個有戶外座位的咖啡廳，她指指桌旁那盆葉子光溜溜只剩下莖的「盆栽」，我大老遠就看到一隻綠色大約 10 公分的大肥毛蟲頭下腳上地攀在上頭，我連看都沒看清楚牠是誰，朋友就拿了一個塑膠提袋給我，示意我直接把牠連盆栽一起打包回家。剛到家把盆栽拿出來我就大笑，因為這條大「毛蟲」不但沒有毛，還長著兩顆藍色超大「眼睛」，好像電影裡外星人的造型，更像鹹蛋超人！看來我朋友一定沒有仔細看過牠，這毛毛蟲一點都不可怕，反而是有點搞笑、超級可愛啊！

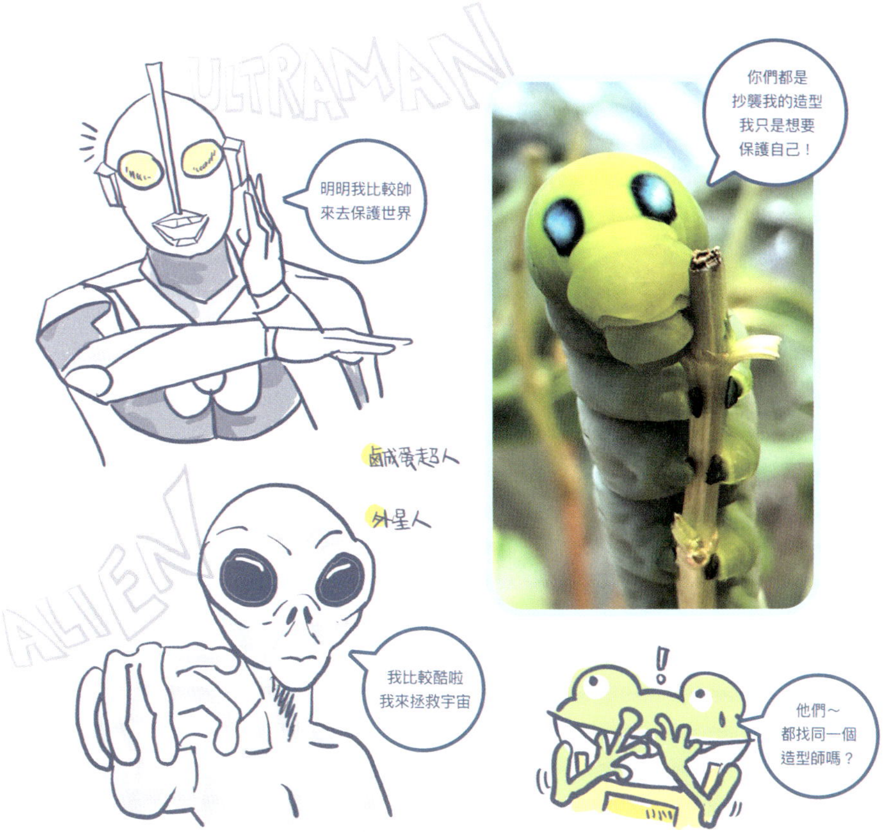
ULTRAMAN
明明我比較帥
來去保護世界
你們都是
抄襲我的造型
我只是想要
保護自己！
鹹蛋超人
外星人
ALIEN
我比較酷啦
我來拯救宇宙
!
他們～
都找同一個
造型師嗎？

穿吃毒物的狠角色

但是這個 10 幾公分龐然大蟲子是誰啊？我連忙根據牠的藍色大眼特徵，一邊上網搜尋，一邊詢問朋友，得到答案說牠是「夾竹桃天蛾」，夾竹桃……不就是那個有毒植物？夾竹桃的莖、葉和乳汁含有極毒的毒素「強心配醣體」，誤食後會導致心臟快速跳動後無力而衰竭……，光聽這名字，就知道我遇到了專吃毒物的狠角色。

明明是有毒植物，牠卻大快朵頤。

問題來了，牠的食草就是夾竹桃，但我要去哪裡找？趕快求助昆蟲專家，得到可以「日日春」來替代，我如釋重負，因為日日春是我們街頭巷尾常見的野草，相對好找一些。正好隔壁圍牆邊有兩棵，趕緊挖了回來給這隻胖蟲子大快朵頤，看起來牠是餓壞了，牠吃得津津有味，誘得我這怪咖動物偵探開始好奇到底是什麼滋味？不過日日春也是夾竹桃科家族的有毒植物，人類不能輕易嘗試啊！才不到一小時，採回來的食草又被啃得精光，食量相當驚人，牠的身體也撐得好似塑膠玩具，根本像是米其林娃娃！

吃飽後的夾竹桃天蛾毛蟲體重一直增加，連植物的莖都快支撐不住而垂下。

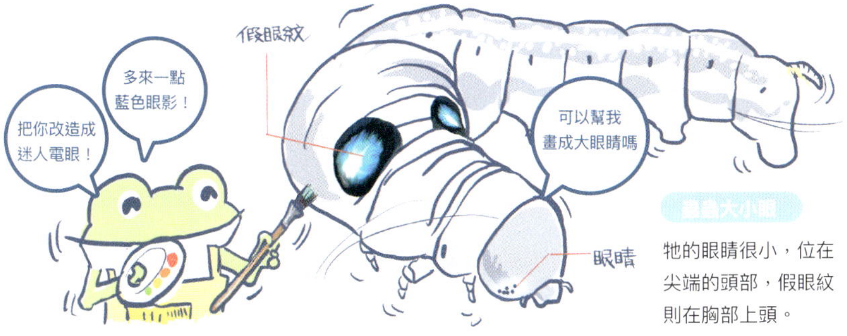
把你改造成
迷人電眼！
多來一點
藍色眼影！
假眼紋
可以幫我
畫成大眼睛嗎
眼睛

蟲蟲大小眼

牠的眼睛很小，位在尖端的頭部，假眼紋則在胸部上頭。

人家是小眼睛

一邊看著牠吃，隨著身體的伸展，牠的兩顆藍色「眼睛」慢慢露出，不小心觸碰到牠的身體，牠會馬上曲著身子拱起胸部，露出好像畫了藍色眼影的「眼睛」，讓自己看起來很嚇人！原來這令人「驚豔」的造型，就是牠威嚇天敵的絕招吧！不過，怪咖動物偵探因有觀察無尾鳳蝶的經驗，知道這雙藍色的「眼睛」不是真的，牠真正的眼睛是長在頭部兩側六個超小的黑點！

蟲蟲變形記

肥蟲子在我家才過了兩天，就吃光我採來的五株日日春，在留下一地大便之後，便消失不見了！我找了一會兒，發現原來牠躲到花盆下方落葉堆裡一動也不動，沒多久綠色的牠完全變了一個樣，在土堆裡化成了一個淺褐色的蛹，再過一個多小時，蛹的顏色變更深了，和落葉的顏色幾乎一模一樣。雖然可愛的大眼蟲蟲不見了，但牠化蛹之後我倒鬆了一口氣——牠的食量超大，很怕牠吃不飽啊！

怎麼有點像
便便？！

夾竹桃天蛾的蛹顏色和泥土、落葉很像，可以保護自己不被發現。

胖蟲子變美蛾

在牠化蛹後過了差不多兩個月，有天我看到浴室紗窗上停著一隻造型好似新型戰鬥機的綠色蛾，才想起應該是那隻可愛的胖蟲子——夾竹桃天蛾羽化了！我有種見到老朋友的欣喜，全身像似絨布質感的牠，翅膀上的圖案與顏色彷彿是刻意彩繪的藝術品！而這樣綠褐色的色彩，讓牠可以隱身在樹葉堆中不被發現，各種線條也讓牠的身體切割出色塊，達到體色分割的欺敵效果，是十分美麗的蛾！

夾竹桃天蛾毛蟲化蛹兩個月之後羽化，從爬行的毛蟲變成了會飛的蛾，稱為「完全變態」。

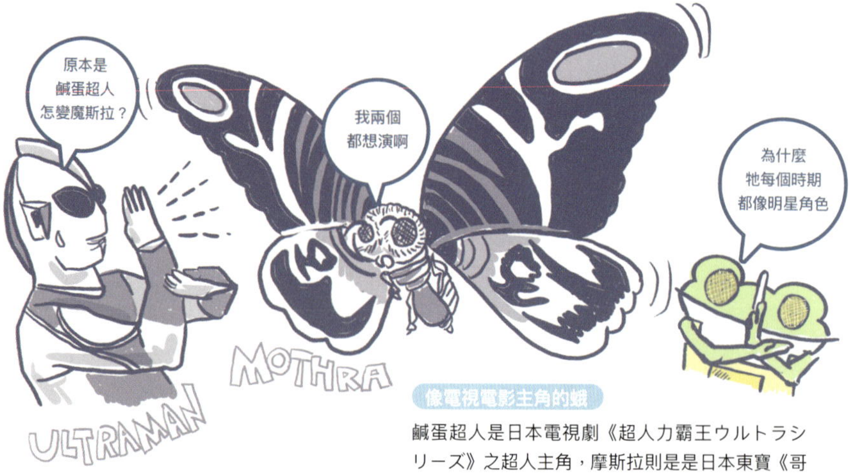
原本是
鹹蛋超人
怎變魔斯拉？
我兩個
都想演啊
為什麼
牠每個時期
都像明星角色
MOTHRA
ULTRAMAN

像電視電影主角的蛾

鹹蛋超人是日本電視劇《超人力霸王ウルトラシリーズ》之超人主角，摩斯拉則是是日本東寶《哥吉拉ゴジラ》怪獸電影裡的蛾類反派角色。

~偵探NOTE~

可愛的肥蟲蟲

在我將夾竹桃天蛾送出窗外飛向天際之後過了三天，我的媽媽在陽台種花時又看到另一隻黃色的「大眼」毛蟲，一經比對，原來牠是另一個色型的夾竹桃天蛾幼蟲，顏色不同但同樣可愛！為什麼常能遇見牠們呢？追根究柢起來，在我們居住的城市裡，許多人家的陽台、公園、學校都種了像日日春、馬茶花、夾竹桃等有毒但花朵鮮豔漂亮的植物，因為有食草可以吃，所以貪吃的夾竹桃天蛾胖毛蟲就來進駐啦！下回看到超肥的毛蟲，請先別害怕，多觀察一下，無害的牠們還是有很可愛的一面喔。

咯～咯～咯～
我南部來的拉！！
我不是不會叫
只是叫聲比較小聲

壁虎 House Geckos

壁 虎
@ House Geckos
原生種

|分類| 有鱗目 壁虎科

|別名| 蝎虎、守宮、蟮蟲仔（台語）

|居家出沒地點| 屋角、建築物夾層、天花板、窗戶、日光燈周圍及各種縫隙。

|大小| 體長 8~12cm

|食物| 以昆蟲和其他小型節肢動物為食

|棲息地| 常見的兩種壁虎 —— 無疣蝎虎和疣尾蝎虎在低海拔地區廣泛分布，常棲息於屋舍或樹林間。

{高空打擊樂手}

「咯～咯～咯～咯～咯～」

寂靜的夏夜裡，

從天花板突然傳出一陣怪聲響。

這不是恐怖片中的畫面，

是每個人家裡都可能出現的場景。

為愛大唱情歌

「咯～咯～咯～咯～咯～」這個發出聲音的怪咖，並不是要嚇人，而是壁虎「先生」為了求偶在大唱情歌，故春夏交接之際的繁殖期，牠們會叫得更加頻繁！小時候常聽家人說：「南部的壁虎會叫，北部的不會叫。」其實這都是傳說，因壁虎種類不同才有這樣的差異，我們俗稱的「壁虎」只是一個統稱，常出現在家中的是「疣尾蝎虎」和「無疣蝎虎」，這兩種壁虎外型十分相似很難辨認，會發出叫聲的是疣尾蝎虎，最初牠們分布在台灣南部；另一種無疣蝎虎棲息地偏北部，牠們並非不會叫，而是音量較小，細微的聲響讓大家沒有注意到。而現今因為交通往來頻繁，也因此「會叫」的疣尾蝎虎移居北部，變成到處都聽得到牠們的叫聲。

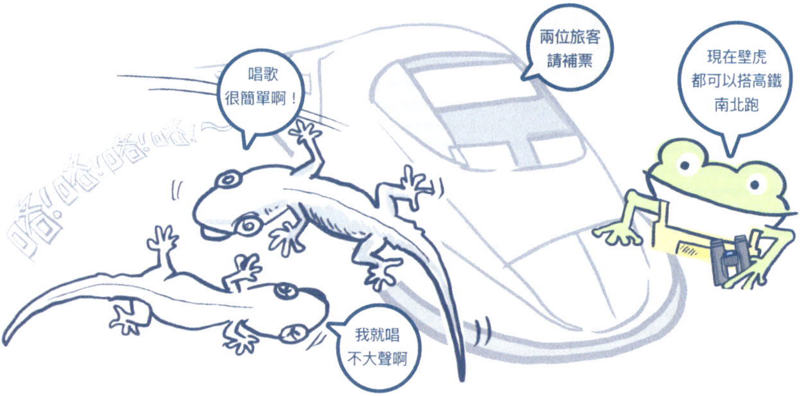
唱歌
很簡單啊！
咯!咯!咯!咯!~
兩位旅客
請補票
現在壁虎
都可以搭高鐵
南北跑
我就唱
不大聲啊

壁虎不會像變色龍一樣變色，但牠的體色會隨著環境顏色與光線變深或變淺，因此會看到不同的色型。

變色的壁虎？

小時候家裡住著兩隻壁虎，牠們都在晚上出現，當時我覺得淺皮膚色的牠們，樣子有點噁心。有一天的白天，我看到一隻深褐色的個體在客廳活動，我以為又有了新壁虎入住，而且覺得深褐色的牠比較好看，剛好牠跑到我碰得到的地方，就用一個透明盒子將牠抓起來想要好好觀察，結果在日光燈照射之下，盒子裡的壁虎竟然變成我不喜歡的淺皮膚色的樣子，嚇得我連忙把牠放走！原來，壁虎雖然不會像變色龍一樣改變身體顏色，但也會因為光線變化的關係而讓體色變深變淺，以達到隱身的效果！這也難怪每次晚上在日光燈旁覓食的壁虎都是淺皮膚色的！

養壁虎吃蚊子？

曾經看到有人發文，因為他家蚊子超多，不但被叮咬得滿身包，蚊子「嗡嗡嗡」的聲音更是吵得睡不著，但是他不想使用蚊香或殺蟲劑，所以突發奇想，將多隻壁虎引入房間，以最天然的「生物防制法」請壁虎幫他滅蚊，沒想到蚊子不但沒有減少多少，房間裡的噪音除了蚊子的嗡嗡聲之外，還多了壁虎的叫聲，讓他哭笑不得！更惱人的是還多了好多壁虎大便要清理！昆蟲的確是壁虎的食物，但想靠壁虎消滅蚊子，的確是有些難度，因為壁虎的覓食是守株待兔的方式，等待蚊子停在附近，再發動攻擊，而且是衝向前撲咬，命中率其實沒有很高。不過牠們是機會主義的獵食者，只要體型比牠們小都有機會被捕食，曾看過一隻大壁虎獵捕新生的小壁虎，吃驚之餘，只能說生活不易，都是為了填飽肚子啊！

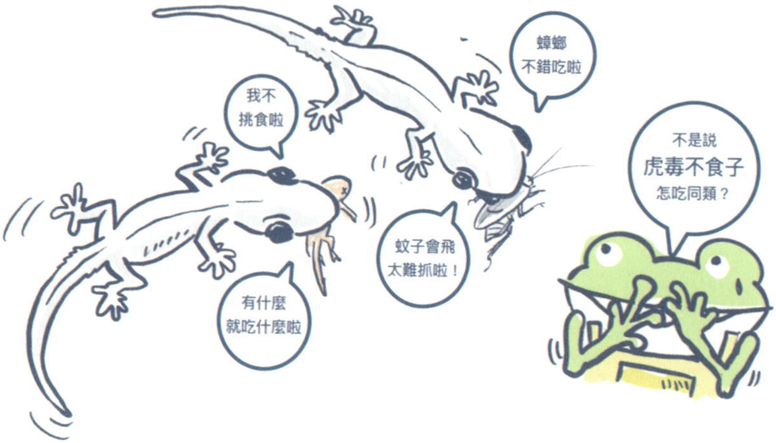

斷尾為求生

除了飛簷走壁，壁虎也是逃生高手，牠們有斷尾求生的保命密技。在遇到天敵攻擊時，壁虎尾巴的肌肉會強力收縮，使其尾椎骨自動斷裂，讓尾巴自然的「脫落」。脫落的尾巴會持續擺動，吸引掠食者注意，引開牠們讓自己有機會可以逃脫，得以保住性命，而斷尾的壁虎在一段時間內就會長出新的尾巴——這超強的求生術，讓牠們成為善於「切割」然後「斷尾求生」的大內高手！

一個尾巴
換一條命！
好像還可以！
這個犧牲
也很大

大的跑了，
換條尾巴也
不無小補

快逃啊，
保住一命

斷尾求生代價高

斷尾能替壁虎換取逃命機會，但也把養分捨棄了，之後又要消耗能量長回來，所以並不會隨便斷尾。

飛簷走壁高手

壁虎最厲害的特異功能就是攀牆術，很多人以為牠們的腳上有「吸盤」，所以才能飛簷走壁而不掉下來，其實都要歸功於壁虎趾瓣上的毛狀分岔構造，這種構造與接觸面的表面分子產生交互作用，好讓自己可以「貼」在牆壁上抵抗重力來去自如，如果你沒有和牠一樣的裝備，奉勸你不要輕易嘗試啊！

這個構造超厲害，
魔鬼氈也是參考這
個原理發明的

壁虎腳掌上的趾瓣有毛狀分岔構造，是讓牠們能貼在牆上的關鍵。

怪咖動物偵探
The Quirky Animal Investigator

Tips 1

撿到小鳥怎麼辦

每年春夏是鳥兒們的繁殖高峰期，但因為鳥爸媽的輕忽、雛鳥鬩牆推擠、修樹、房屋修繕甚至是颱風、大雨等各種因素，常遇到雛鳥落巢的狀況，在這時節撿到雛鳥的人相當多，每個撿到小鳥寶寶的善心人士都為牠的安危著急，不過，在做下一步決定時，請先觀察一下四周環境：

1. **是否有鳥巢在附近樹上或樹叢中？**

如果有而且在可以碰觸的距離，可嘗試將雛鳥放回巢中。

2. **是否有親鳥在附近徘徊、鳴叫？**

如果看到親鳥徘徊，甚至發出鳴叫聲呼喚雛鳥，請你選擇一個不會被人、車壓到且沒有遊蕩貓狗在附近活動的地方，然後觀察一下親鳥是否有在觀看，若符合這些條件，就可以先把雛鳥放在那邊，並刻意保持一段距離觀察親鳥是否有飛下來餵食或帶走雛鳥。

小鳥落巢有兩種情況：

1. **還沒離巢的雛鳥落巢需要幫忙回巢——**

先觀察一下小鳥羽毛是不是還沒長齊、趴著，不能穩穩站在樹枝或手指上、無法走來走去、跳來跳去。

2. **在學飛階段，已經不會回巢——**

可以站在樹枝上甚至跳來跳去，確認不會一直想睡、翅膀看起來不對稱、腳不能抓握或有傷。若環境無虞或親鳥就在附近，可以觀察或安置到附近高處就好。

遇到自己不瞭解的狀況，需要幫忙，請一律連絡各地救傷單位或是台灣野生鳥類緊急救助平台，不要看到什麼都要撿回家養喔，野鳥的生活習性與食物，都不是我們人類可以輕易給予的，私養只是增加牠們的死亡率，並不是有愛心的舉動！

前面提到落巢雛鳥如果由親鳥帶走就大大增加存活率，但若像颱風過後大樹、房屋倒塌導致鳥巢破散，或被吹離巢太遠，親鳥沒有能力帶回牠們時，千萬不要急著餵食牠們，請使用大小適中的紙箱，並放入防止碰撞的報紙、紙巾或毛巾將雛鳥裝起來，在四周打洞讓新鮮空氣進入；若氣溫較低，請注意保暖，可以將暖暖包用布或紙巾包覆貼附在箱子下緣，防止小鳥燙傷，並蓋上蓋子讓牠們在陰暗的環境裡休息（不用放入水和食物），最後拿起電話直撥二十四小時服務的「1959 全國動物保護專線」，聯絡專業人員來協助處理。如果遇到受傷的鳥類，也是比照上述方式處理。

怪咖動物偵探
The Quirky Animal Investigator

Tips 2

城市動物遭遇的困境

近年來越來越多原本生活在淺山地區的動物、鳥類移居城市和我們比鄰而居，很多人會說是因為山林被破壞，動物被迫搬家與人類住在一起，我的觀察則是——城市裡的自然條件慢慢變好，加上保護動物的意識增加，讓許多生物離我們越來越近，這是牠們經過權衡之後的選擇。

這個問題並不是只有以上兩種觀點如此簡單，需要再經過一些時間研究觀察才能找到答案。其實想想，我們現今居住的城市，本來就是荒野，也就是野生動物的家，歷經了長年棲息地的破壞、城市建設之後，到現在各地政府機關都開始營造綠色城市，雖然回不到原始的野地樣貌，但也算是一點一滴進步中，而有了合適的棲息地和相對充足的食物，動物們就會慢慢的「回家」。現在只要我們對野生動物多一些包容，那我們就有機會實現健康城市的願景和更多動物們一起生活。

這些移居城市的動物適應力都很強，才能夠在城市裡安穩生活，就像是白鼻心、飛鼠，甚至八哥、斑鳩……各種鳥類，會利用人類的建築、水管來築巢，燕子則是捕食被燈光吸引來的昆蟲等。但享受便利之餘，還要應付山林裡沒有的挑戰，比如快速行駛的車子造成的動物路殺、高樓大廈的玻璃反射讓鳥撞上造成的窗殺，都成為了牠們的「新天敵」，所以，除了歡迎動物們來到城市，接下來我們要做的就是改善設施，讓動物們在城市受到的傷害減少，生活得更加安全。

但是除了人造物對動物的傷害，讓野生動物陷入險境的另一種「天敵」，就是被人類放養在戶外的遊蕩犬貓，造成許多野生動物遭受犬殺或貓殺。根據 2024 年農業部公告資料，台灣目前仍有十六萬左右的犬隻長期遊蕩在外，《Scientific Reports》國際期刊上顏士清博士所發表的報告裡闡明，其研究團隊在台北陽明山進行了六年的長期監測，證實了遊蕩犬的出沒會造成野生動物的物種多樣性下降，像穿山甲、麝香貓、白鼻心、山羌、山豬、鼬獾、野兔……，都需要設法避開當地出沒的遊蕩犬，才能夠存活下去。另外，在顏博士協助壽山國家自然公園所進行的遊蕩犬與野生哺乳動物長期監測調查發現，大量流浪犬聚集的高雄壽山，自 2018 至 2022 短短幾年時間，山羌的數量已經減少超過 90%，僅餘數十隻，正面臨嚴重的區域性滅絕危機。

在外遊蕩犬貓儼然成為野生動物天敵之一，尤其居住在城市周遭的動物更是最大威脅，然而這些原本不屬於野外的遊蕩犬貓，最初源自於人類的棄養，再加上所謂「愛心人士」在街邊定點餵食，食物不短缺的情況下，讓牠們數量暴增。看到這裡應該有些人會反駁說：「如果能夠讓這些流浪貓狗吃飽，再配合節育，就沒有任何問題了。」其實，背後有很多需要思考的部分，「獵捕」行為是犬科與貓科動物的天性，無論吃飽與否，遇到獵物的牠們都會本能的出現狩獵行為，況且牠們是二十四小時在戶外遊蕩，根本無從管控。遊蕩犬貓不但危害到原生動物，僅餵食卻沒有妥善照料，對牠們本身而言也毫無保障，生病、受傷狀況時常可見，而且這些遊蕩犬貓在街頭亂竄，造成車禍時有所聞，人受到成群的遊蕩犬追咬的新聞也屢見不鮮，除此之外還會引發衛生、疫病傳播以及生態影響的問題。

其實，犬貓應該留在家中，讓牠們可以得到妥善照養，而不是僅憑一廂情願的「愛心」餵食，卻任其流浪街頭。很多人也希望政府機關出面處理遊蕩犬貓問題，但在多年前因為民眾陳情，動保機關將執行流浪動物安樂死的程序取消，現階段政府機關只能執行遊蕩犬貓的節育工作，也因為各地收容所爆滿，執行結紮後的犬貓只能原地野放，然而，只要遊蕩犬貓在街頭流浪的一天，上述的各種問題仍然無法解決。當然，我們現在為了保護原生的野生動物，呼籲大家不要以愛心之名餵食遊蕩犬貓，想要飼養寵物的人都能夠以領養的方式來代替購買，已經養育寵物的人一定要堅守終不放養不棄養的原則，唯有這樣，才能確保我們周遭的野生動物們可以安全、自在地生存下去。 （部分資料引用自「挺挺網路 Suppor Ting」）

更多相關資訊：
請參考挺挺動物

Taiwan Style 94

文　圖｜黃一峯
審　訂｜曾文宣

編輯製作｜台灣館
總 編 輯｜黃靜宜
主　　編｜張尊禎
攝　　影｜黃一峯
美術設計｜黃一峯
手寫標題｜陳采希
行銷企劃｜黃冠寧

發行人｜王榮文
發行單位｜遠流出版事業股份有限公司
地址｜104005台北市中山北路一段11號13樓
電話｜02-25710297　傳真｜02-25710197
劃撥帳號｜0189456-1
著作權顧問｜蕭雄淋律師
輸出印刷｜中原造像股份有限公司
□2025年6月1日初版一刷

定價400元（缺頁或破損的書，請寄回更換）

ISBN 978-626-418-183-9

YLib.com 遠流博識網 http://www.ylib.com
Email:ylib@ylib.com

國家圖書館出版品預行編目 (CIP) 資料

怪咖動物偵探.1，你家就是我家=We are family/
黃一峯文.圖. 一初版.一臺北市：遠流出版事業股份有限公司，
2025.06
面；　公分．--　(Taiwan style；L0394)

ISBN 978-626-418-183-9（平裝）
1.CST：動物學 2.CST：昆蟲學 3.CST：通俗作品

380　　　114005273

怪咖動物偵探 1
The Quirky Animal Investigator

你家就是我家
We are family

怪咖動物偵探
The Quirky Animal Investigator

怪咖動物偵探
The Quirky Animal Investigator